工业和信息化"十二五"规划教材
全国电子信息类和财经类优秀教材
精品课程配套教材

信息技术基础与应用

徐立新　郭祖华　马世霞　主　编
孙　冬　刘　丹　王明斐　翟海庆　副主编

电子工业出版社
Publishing House of Electronics Industry
北京·BEIJING

内 容 简 介

本书是省级特色专业建设信息技术基础与应用课程配套教材,是省级教学团队建设的优秀教学成果。依据教育部对高等学校信息技术基础课程教学的最新要求及信息技术最新发展趋势和研究成果编写而成。

本书采用任务引领方式,结合目前最新的信息技术领域知识,从培养学生了解和掌握计算机科学的理念、技术和方法的角度出发,对大学信息技术基础知识和应用技术进行了全面的介绍。本书设计了 6 个教学单元,共 51 个任务,内容涵盖:计算机基础知识、文字处理软件、电子表格软件、演示文稿软件的应用,计算机网络技术应用、人工智能技术基础等。在编写上,突出课程教学内容的实用性和典型应用性,每个任务设置有知识导读和任务案例,旨在培养学生熟练使用计算机及相关信息技术的应用能力,部分任务学习后还设置有知识拓展,方便学生学习任务未涉及但需了解的知识和技能。

未经许可,不得以任何方式复制或抄袭本书之部分或全部内容。
版权所有,侵权必究。

图书在版编目(CIP)数据

信息技术基础与应用 / 徐立新,郭祖华,马世霞主编. —北京:电子工业出版社,2018.8
ISBN 978-7-121-34579-1

Ⅰ. ① 信… Ⅱ. ① 徐… ② 郭… ③ 马… Ⅲ. ① 电子计算机—高等学校—教材 Ⅳ. ① TP3
中国版本图书馆 CIP 数据核字(2018)第 137496 号

策划编辑:章海涛
责任编辑:章海涛   特约编辑:何 雄
印   刷:三河市双峰印刷装订有限公司
装   订:三河市双峰印刷装订有限公司
出版发行:电子工业出版社
          北京市海淀区万寿路 173 信箱   邮编 100036
开   本:787×1092 1/16   印张:12.75   字数:320 千字
版   次:2018 年 8 月第 1 版
印   次:2018 年 8 月第 1 次印刷
定   价:39.00 元

凡所购买电子工业出版社图书有缺损问题,请向购买书店调换。若书店售缺,请与本社发行部联系,联系及邮购电话:(010)88254888,88258888。
质量投诉请发邮件至 zlts@phei.com.cn,盗版侵权举报请发邮件至 dbqq@phei.com.cn。
本书咨询联系方式:192910558(QQ 群)。

前　　言

随着互联网、大数据、云计算、物联网和人工智能等技术的不断发展，信息技术在产业发展中的地位越来越重要。计算机作为一种强有力的辅助和支撑工具，已被所有学科接受并充分利用，大学信息技术基础教育越来越受重视。

信息技术基础与应用作为高等学校各专业的公共基础课，其教学目的应为着重于学生信息技术基础知识的掌握和计算机基础应用能力的培养。通过学习该课程的相关知识，学生应掌握该课程的相关信息技术，拓展视野，深化对信息技术的理解，认识以计算机为核心的信息技术在现代社会中的地位和作用，为后续专业课程的学习做好必要的知识准备。学生应该在各自的专业中有意识地借鉴、引入信息技术中的一些理念、技术和方法，在较高的层次上应用计算机，认识并处理计算机应用中可能出现的问题。

本书以信息技术的基础知识和基本技术为重点，教学核心是突出信息技术应用能力的培养。采用任务引领的方式，从任务导读到任务案例，将信息技术基础知识融入分析和实际操作中，使学生在学习过程中既掌握各部分的主要知识点，又具备分析和解决实际问题的能力。本书编写的主要思路和特点如下。

1. 任务引领为主线，能力培养为核心

本书设计了 6 个教学单元，共 51 个任务，内容涵盖了计算机基础知识、Word 文字处理软件的应用、Excel 电子表格软件的应用、PowerPoint 演示文稿软件的应用、计算机网络技术应用、人工智能等部分，把要完成的每部分教学内容设计成多个具体的任务，把需要掌握的知识巧妙隐含在每个任务中，把需要学生掌握的应用技能体现为一个个具体的任务案例教学。

2. 引入人工智能相关知识和技术

2018 年 4 月，教育部发布《高等学校人工智能创新行动计划》文件，明确要求，"将人工智能纳入大学计算机基础教学内容。"本书内容包括了人工智能的相关知识和典型应用，可以为高等院校各专业将来实施"人工智能+"人才培养行动提供知识、技术的先导和支撑。

3. 突出学生中心，注重激发学生的学习兴趣和潜能

全书以任务导读、任务案例的形式贯穿始终，通过每个具体任务，将每章相关的知识点有机地组织在一起，以便学生通过具体任务案例的学习过程了解和掌握相关的知识和技术，从而增强学习过程的趣味性，努力推动大学课程教学从"教得好"向"学得好"转变。同时，全书所有章节后面均配有"练一练"综合实训项目，以便学生巩固所学知识。

4. 突出理论够用，强化实践技能为主的原则

本书对原有的同类教材的内容进行了调整和整合，去掉了一些不必要的理论内容，加大了实践内容，强化了应用能力的培养，符合高素质应用型人才培养的要求。

5. 注意与其他课程内容的联系，考虑后续课程的需要

本书定位于信息技术基础知识和技术，可作为非计算机专业相关应用设计软件课程的基

础，还可以作为计算机类专业计算机基础课程的前导，为后续课程如计算机网络技术、程序设计等做必要的知识准备。

6．全书内容力求反映信息技术的最新成果和发展趋势

在 Windows 7 操作系统、办公自动化软件 Office 2013、计算机网络技术应用、人工智能等应用性较强的部分，特别注重最新知识和技术的应用；同时，内容选取上力求实际、实用，讲解上力求简明、简练。

本书共 6 章，内容涵盖了计算机基础知识、Word 文字处理软件的应用、Excel 电子表格软件的应用、PowerPoint 演示文稿软件的应用、计算机网络技术应用、人工智能等。在编写上，突出课程教学内容的实用性和典型应用性，每个任务均设置有知识导读和任务案例，旨在培养学生熟练使用计算机及相关技术的应用能力，有些任务学习后还设置有知识拓展，方便学生学习任务未涉及但需了解的知识和技能。

本书最早于 2004 年 7 月在电子工业出版社出版，先后经历了《计算机文化基础》(第 1～3 版)、《大学计算机基础》和《大学计算机》，历经 10 余年，得到了全国许多院校的认可，受到了广大师生的好评。本书在编写过程中还得到了河南工学院张亚华、李庆亮、李吉彪等教授的大力支持和帮助，在此一并致以诚挚的谢意。

由于信息技术与应用的不断发展以及作者有限的水平，书中的内容和形式难免存在许多错误，恳请同行专家和读者指正。

本书为教师提供教学资源（课程教学大纲、电子课件、任务案例上机练习素材、习题解答、标准试卷库等），有需要者可登录华信教育资源网（http://www.hxedu.com.cn）后，免费下载。

作　者

目 录

第 1 章 计算机基础知识 ········· 1
任务 1.1 计算机的发展简史 ········· 2
任务 1.2 计算机的特点和分类 ········· 3
任务 1.3 计算机的应用和发展 ········· 6
任务 1.4 计算机的硬件系统 ········· 8
    1.4.1 知识导读：计算机硬件系统 ········· 8
    1.4.2 知识拓展：多媒体技术 ········· 11
任务 1.5 认识磁盘 ········· 12
    1.5.1 知识导读：硬盘 ········· 12
    1.5.2 知识拓展：计算机性能指标 ········· 15
任务 6 认识常用输入/输出设备 ········· 16
    1.6.1 知识导读：常用输入/输出设备及其使用 ········· 16
    1.6.2 知识拓展：指法 ········· 18
任务 1.7 计算机的软件系统 ········· 19
    1.7.1 知识导读：计算机软件系统概述 ········· 19
    1.7.2 知识拓展：计算机中的数制 ········· 21
任务 1.8 熟悉操作系统 ········· 22
任务 1.9 Windows 7 小工具的使用 ········· 24
    1.9.1 知识导读：Windows 7 小工具 ········· 24
    1.9.2 任务案例：小工具的使用方法 ········· 24
任务 1.10 文件及文件夹常用操作 ········· 25
    1.10.1 知识导读：文件及文件夹 ········· 25
    1.10.2 任务案例：文件与文件夹的基本操作 ········· 29
    1.10.3 知识拓展：文件夹选项 ········· 31
任务 1.11 计算机新技术 ········· 31
任务 1.12 练一练 ········· 35
    1.12.1 Windows 7 的基本操作 ········· 35
    1.12.2 Windows 7 的桌面个性化设置 ········· 36
    1.12.3 Windows 7 资源管理器和控制面板的使用 ········· 36
习题 1 ········· 37

第 2 章 文字处理软件的应用 ········· 38
任务 2.1 认识 Word 2013 ········· 39
    2.1.1 知识导读：Word 2013 基础知识 ········· 39

2.1.2 任务案例：建立"我的第一个文档.docx" ······ 42

任务 2.2 文档的录入和编辑 ······ 42
 2.2.1 知识导读：录入与编辑的方法 ······ 42
 2.2.2 任务案例："求职自荐书"的录入与编辑 ······ 44
 2.2.3 知识扩展：插入符号 ······ 45

任务 2.3 字符格式编排 ······ 45
 2.3.1 知识导读：字符设置基础 ······ 45
 2.3.2 任务案例："求职自荐书"的字符设置 ······ 46

任务 2.4 段落格式编排 ······ 47
 2.4.1 知识导读：段落设置基础 ······ 47
 2.4.2 任务案例："求职自荐书"和"在你身边"的段落设置 ······ 48
 2.4.3 知识扩展：文档视图 ······ 50

任务 2.5 样式设置 ······ 51
 2.5.1 知识导读：Word 2013 的样式 ······ 51
 2.5.2 任务案例："在你身边"的样式设置 ······ 51

任务 2.6 分栏 ······ 52
 2.6.1 知识导读：分栏的方法 ······ 52
 2.6.2 任务案例："在你身边"的分栏设置 ······ 53

任务 2.7 制作表格 ······ 54
 2.7.1 知识导读：表格基础 ······ 54
 2.7.2 任务案例：建立"学生成绩统计表" ······ 55
 2.7.3 知识扩展：表格与文字之间的相互转换 ······ 56

任务 2.8 实现图文混排 ······ 57
 2.8.1 知识导读：Word 中的各种图形 ······ 57
 2.8.2 任务案例："在你身边"的图文混排 ······ 60
 2.8.3 知识扩展：插入数学公式 ······ 61

任务 2.9 页面格式设置与打印文档 ······ 62
 2.9.1 知识导读：页面设置与打印文档的方法 ······ 62
 2.9.2 任务案例："求职信自荐书"的页面设置 ······ 63
 2.9.3 知识扩展：统计文档字数 ······ 64

任务 2.10 综合案例 ······ 64
 2.10.1 康德海报的实现 ······ 64
 2.10.2 毕业论文的实现 ······ 69

任务 2.11 练一练："河南工学院简介"文档排版 ······ 72
习题 2 ······ 73

第 3 章 电子表格软件的应用 ······ 75

任务 3.1 数据的输入和编辑 ······ 76
 3.1.1 知识导读：数据输入和单元操作 ······ 76
 3.1.2 任务案例：制作"工资表"表格 ······ 77

3.1.3 知识拓展：数据保护和加密 78
 任务 3.2 格式化工作表 79
   3.2.1 知识导读：表格的格式设置 79
   3.2.2 任务案例：美化"工资表"表格 81
   3.2.3 知识拓展：格式刷的使用 82
 任务 3.3 公式和函数的应用 83
   3.3.1 知识导读：公式计算和函数计算 83
   3.3.2 任务案例："工资表"表格的数据计算 85
   3.3.3 知识拓展：公式的高级应用 86
 任务 3.4 图表分析 87
   3.4.1 知识导读：图表的创建和编辑 87
   3.4.2 任务案例："员工销售量统计表"的图表分析 89
   3.4.3 知识拓展：迷你图的创建和编辑 90
 任务 3.5 数据管理 91
   3.5.1 知识导读：数据管理常用操作 91
   3.5.2 任务案例："员工工资表"的数据管理 94
 任务 3.6 综合案例："电脑销售明细表"的数据管理和分析 96
 任务 3.7 练一练："西甲射手榜"数据分析 98
 习题 3 99

第 4 章 演示文稿软件的应用 101

 任务 4.1 PowerPoint 演示文稿的创建 102
   4.1.1 知识导读：PowerPoint 2013 的界面和基本操作 102
   4.1.2 任务案例："欢迎使用 PowerPoint"演示文稿制作 107
 任务 4.2 幻灯片的编辑 108
   4.2.1 知识导读：幻灯片中的对象 108
   4.2.2 任务案例：实用的演示文稿制作 109
   4.2.3 知识拓展：幻灯片中对象的格式设置 113
 任务 4.3 幻灯片外观设计 113
   4.3.1 知识导读：版式、主题和母版 113
   4.3.2 任务案例："诗词赏析"演示文稿制作 116
 任务 4.4 幻灯片动画效果设计 118
   4.4.1 知识导读：动画效果 118
   4.4.2 任务案例："道德讲堂"幻灯片的动画制作 121
 任务 4.5 放映演示文稿 123
   4.5.1 知识导读：幻灯片切换和放映 123
   4.5.2 任务案例："诗词赏析"演示文稿的切换和放映 125
   4.5.3 知识拓展：超链接和动作按钮 126
 任务 4.6 综合案例：多媒体短片"我的家乡"制作 127
   4.6.1 通过母版设置演示文稿统一的风格 128

4.6.2　设计标题幻灯片的文本和图片格式……………………………………129
　　　4.6.3　设计内容幻灯片的文本和图片格式……………………………………130
　　　4.6.4　设置切换和背景音乐……………………………………………………132
　　　4.6.5　发布演示文稿为多媒体短片……………………………………………134
　任务 4.7　练一练："自我风采展示"演示文稿制作…………………………………134
　习题 4……………………………………………………………………………………134

第 5 章　计算机网络技术应用……………………………………………………………136

　任务 5.1　计算机网络基础………………………………………………………………137
　　　5.1.1　知识导读：计算机网络简介……………………………………………137
　　　5.1.2　任务案例：了解校园网布局……………………………………………140
　　　5.1.3　知识拓展：计算机网络的组成…………………………………………141
　任务 5.2　局域网…………………………………………………………………………142
　　　5.2.1　知识导读：局域网概述…………………………………………………142
　　　5.2.2　知识拓展：交换式以太网………………………………………………145
　任务 5.3　搭建无线局域网………………………………………………………………145
　　　5.3.1　知识导读：无线局域网…………………………………………………145
　　　5.3.2　任务案例：组建家庭无线局域网………………………………………146
　　　5.3.3　知识拓展：典型网络故障排除实例……………………………………149
　任务 5.4　Internet 协议和 IP 地址………………………………………………………150
　　　5.4.1　知识导读：Internet 协议和 IP 地址简介………………………………150
　　　5.4.2　任务案例：Internet 协议（TCP/IPv4）属性配置……………………152
　　　5.4.3　知识拓展：Internet 相关知识…………………………………………153
　任务 5.5　常见网络故障检测……………………………………………………………158
　　　5.5.1　知识导读：常见网络故障的检测方法…………………………………158
　　　5.5.2　任务案例：网络故障的检测……………………………………………159
　　　5.5.3　知识拓展：故障位置判断………………………………………………160
　任务 5.6　Internet 常见应用……………………………………………………………160
　　　5.6.1　知识导读：Internet 常见应用简介……………………………………160
　　　5.6.2　任务案例：使用手机 QQ 提取图片中的文字…………………………162
　任务 5.7　Internet 常用工具的使用……………………………………………………162
　　　5.7.1　知识导读：Internet 常用工具…………………………………………162
　　　5.7.2　任务案例：使用 IE 浏览器搜索并下载软件…………………………167
　任务 5.8　个人计算机安全防御…………………………………………………………168
　　　5.8.1　知识导读：个人计算机安全防御方法…………………………………168
　　　5.8.2　任务案例：个人计算机安全防护措施…………………………………172
　任务 5.9　练一练…………………………………………………………………………173
　　　5.9.1　通过电子邮件发送附件…………………………………………………173
　　　5.9.2　组建家庭无线局域网……………………………………………………174
　　　5.9.3　组建最简单的局域网……………………………………………………174

		5.9.4 浏览器与搜索引擎的使用	175
		5.9.5 360安全卫士的使用	176
	习题5		176

第6章 人工智能基础 ... 177

- 任务6.1 人工智能的发展 ... 178
  - 6.1.1 知识导读：人工智能发展简史 ... 178
  - 6.1.2 知识拓展：人工智能定义 ... 179
- 任务6.2 人工智能的应用 ... 180
- 任务6.3 人工智能的关键技术 ... 181
- 任务6.4 人工智能的未来发展 ... 184
- 任务6.5 认识Python ... 186
  - 6.5.1 知识导读：Python简介 ... 186
  - 6.5.2 任务案例：Python编程入门 ... 188
- 习题6 ... 192

参考文献 ... 194

第 1 章　计算机基础知识

Chapter 1

本章学习目标
- 了解计算机的分类。
- 了解计算机的基本组成。
- 了解计算机的应用领域。
- 理解计算机数制及编码。
- 掌握计算机的硬件知识。

　　电子计算机是当代科学技术发展的结晶,是各种新兴科学交叉的产物,是现代科学发展的重要基础,近代尖端技术的发展都是建立在电子计算机基础之上的。

　　最近几十年来,以计算机和通信技术为代表的信息技术的发展,极大地改变了人类的生活面貌。那些在科幻小说和电影中才出现的场景,正在一步一步变成现实:移动通信、可视电话、3D 网游、博客……

　　实现这一切都需要计算机技术,因此,掌握计算机的基本应用已成为现代人必需的生活技能。

任务 1.1 计算机的发展简史

要了解电子计算机,首先要了解电子计算机的定义及计算机的发展简史。

什么是电子计算机?电子计算机是一种能够自动高速而精确地进行信息处理的现代化的电子设备,是一种具有计算能力和逻辑判断能力的机器。因为计算机可以进行自动控制并具有记忆能力,并可以像人脑一样具有逻辑判断能力,所以计算机又被称为电脑。

人类对计算工具的追求由来已久。公元前 400 年左右,人类发明了算盘;1617 年,人类研制了计算尺;1642 年,法国的布莱斯·帕斯卡发明了机械计算机,标志着人类的计算工具开始向自动化迈进;1822 年,英国的查里斯·贝巴奇研制了专门用于多项式计算的分析机;1944 年,美国的霍华德·艾肯研制了继电器计算机。这些成就都是人类不懈努力的结果。

第二次世界大战期间,为了解决在武器研究中需要进行的快速、准确而复杂的数字计算的问题,美国军方在宾夕法尼亚成立了研究小组,开始了第一台电子计算机的研制工作。

1946 年,世界上第一台电子计算机 ENIAC(Electronic Numerical Integrator And Computer,电子数值积分计算机)在美国宾夕法尼亚大学研制成功,如图 1-1 所示。它共使用了 18000 多个电子管,重 30 t,占地 160 m^2,耗电 150 kW。尽管这台计算机每秒只能进行 5000 次加法运算,但它比当时的台式手摇计算机的计算速度提高了 8400 倍。ENIAC 的问世标志着计算机时代的到来。从 1946 年到今天,计算机以惊人的速度在发展,无论是计算机科学技术的发展,还是其应用领域的迅速推广、普及之势,都远远超过历史上任何一种科学成果和产品。计算机的发展只能用"迅猛"二字来概括。

图 1-1 第一台电子计算机

传统意义上可将计算机的发展过程按所采用的元器件划分为五代,具体如表 1-1 所示。

表 1-1　五代电子计算机

代　次	起止年份	电子元器件	数据处理方式	运算速度	应用领域
第一代	1946—1957	电子管	汇编语言、代码程序	几千～几万次/秒	国防及科技
第二代	1958—1964	晶体管	高级程序设计语言	几万～几十万次/秒	工程设计、数据处理
第三代	1965—1970	中、小规模集成电路	结构化、模块化程序设计，实时控制	几十万～几百万次/秒	工业控制、数据处理
第四代	1970—1981	大规模、超大规模集成电路	分时实时数据处理，计算机网络	几百万上亿条指令次/秒	工业、生活等方面
第五代	1981 年至今	超大、特大规模集成电路	智能化、网络化	万亿次/秒	全领域

每进入一个新的发展时期，计算机的硬件可以保证计算速度、存储量等主要技术指标提高 1～2 个数量级。也可以说，人们习惯上对计算机发展时期的划分总是从硬件的角度考虑的。然而，硬件技术和软件技术是推动计算机向前发展的两个并行的车轮。

从软件角度来说，第一代计算机主要用由二进制代码组成的各种指令（称为机器语言）来编写程序，后期开始使用由符号指令代码组成的各种指令（称为汇编语言）来编写程序。在这一时期，确定了数据编码、程序设计和存储信息这些重要的概念。第二代计算机开始使用像 FORTRAN、ALGOL 等高级程序语言来编写计算机程序，产生了初级的操作系统（一种综合性的管理程序）。除了在数值计算方面的应用，计算机还发展到用于事务管理方面，从而使计算机成为一种通用性更强的数据处理设备。第三代计算机普遍使用各种高级程序设计语言编程，操作系统日渐成熟并取得了长足的发展。除产生了分时操作系统、实时操作系统外，在通信技术介入计算机的应用后，产生了网络的概念，出现了计算机网络与计算机系统，随之也就产生了网络操作系统。人们开始在多用户的环境下利用计算机的软件、硬件资源，实现资源共享。

我国计算机事业正式起步于 1956 年。1958 年，我国研制成功了第一台计算机 DJS-103 型数字电子计算机；1974 年，研制成功了 DJS-130 多用集成电路计算机；1977 年，研制成功了 DJS-050 机。我国从 1984 年开始批量生产个人计算机（Personal Computer，PC），如从"长城 0520"，到目前的 Intel 酷睿 i7 六核十二线程 64 位 4.4 GHz 个人计算机；从 1984 年的"银河-I"亿次巨型机，到 2013 年 6 月在广州国家超级计算机中心诞生的国产万万亿次超级计算机"天河二号"，我国计算机产业得到了迅猛的发展。2017 年 11 月 13 日公布的全球超级计算机 500 强榜单中，"神威·太湖之光"和"天河二号"分别夺得冠亚军，其浮点运算速度分别为每秒 9.3 亿亿次和每秒 3.39 亿亿次。

从目前计算机的研究情况可以看到，未来计算机有可能在光子计算机、生物计算机、量子计算机等研究领域取得重大突破。

任务 1.2　计算机的特点和分类

1. 计算机的主要特点

作为高速、自动进行科学计算和信息处理的电子计算机，与过去的计算工具相比，具有以下 6 个主要特点。

（1）运算速度快

电子计算机最显著的特点是能以很高的速度进行算术运算和逻辑运算，其运算速度可达每秒万万亿次运算。由于计算机运算速度快，使得如航空航天、天文气象等数据处理和数值计算等过去无法快速处理的问题得以解决。

（2）计算精度高

电子计算机具有其他计算工具无法比拟的计算精度，一般可达十几位、几十位、几百位以上的有效数字精度。事实上，计算机的计算精度可根据实际需要而定。

（3）具有存储和"记忆"能力

计算机中的存储器能够用来存储程序、数据和运算结果。随着多媒体技术的出现，计算机不但可以用来记录数字和符号，而且可以记录声音、图像和影视等多媒体信息。

（4）能自动连续地运行

因为计算机具有存储、"记忆"和逻辑运算能力，所以它能把输入的程序和数据存储起来，在运行时逐条取出指令并执行，实现了运算的连续性和自动化。

（5）可靠性高

随着微电子学和计算机技术的发展，现代电子计算机连续无故障运行时间可达几万、几十万小时，具有极高的可靠性。用于控制宇宙飞船和人造卫星的计算机可以长时间、可靠地运行。

（6）具有逻辑判断能力

对运行结果进行比较称为逻辑判断。例如，判断锅炉温度是大于还是小于某个额定值，判断某人的年龄是否在 20 岁以上等。计算机有了逻辑判断能力，就可以根据对上一步运算结果的判断，自动选择下一步运行方向。逻辑判断能力是计算机有别于其他传统计算工具的关键。

2．计算机的分类

（1）根据计算机的工作原理划分

根据计算机工作原理和运算方式的不同，以及计算机中信息表示形式和处理方式的不同，计算机可分为数字式电子计算机和模拟式电子计算机。

数字式电子计算机是指通过数字逻辑电路组成的算术、逻辑运算部件，对数字进行算术运算和逻辑运算的计算机。人们所说的电子计算机就是指数字式电子计算机。

模拟式电子计算机是指通过由运算放大器构成的微分器、积分器及函数运算器等运算部件，对模拟量进行运算处理。

（2）根据计算机的用途划分

按其用途，计算机可分为通用计算机和专用计算机两大类。通用计算机是指能解决多种类型问题，具有较强通用性的计算机。专用计算机是指为了解决某些特定问题而专门设计的计算机。

（3）根据计算机的规模划分

一般来说，计算机根据其技术、功能、体积大小、价格和性能分为微型计算机、小型计算机、大型计算机和巨型计算机四类，并且不同种类计算机之间的分界线会随着技术的发展而变化。

微型计算机（Microcomputer）包括个人计算机（PC）、便携计算机和单片计算机。个人计算机是指台式计算机，又称为微机，是目前家庭和办公领域中最常见的计算机。便携计算机包括笔记本电脑和掌上电脑，广泛用于野外作业和移动作业等领域。图1-2为不同类型的微型计算机。另外，单片计算机将微处理器、存储器和输入/输出接口电路集中在一个很小的硅片上，构成一台可以独立工作的计算机，广泛用于仪器仪表、家用电器、工业控制和通信等领域。

图1-2　微型计算机

小型计算机（Mini Computer）一般用于中小企业的特殊工作，如记账、付款、销售等。目前在计算机领域中，小型计算机的概念逐渐淡化，被分化或融合为不同规模的工作站或服务器。工作站和服务器如图1-3所示，它们是用来专门处理某些特殊事务的计算机。从技术上讲，工作站和服务器并无本质区别，不同的是，工作站用来满足工程师、建筑师及其他进行图形处理、计算机辅助设计的专业人员的需要，服务器主要用来满足联网的需要。

大型计算机（Mainframe Computer）如图1-4所示，它的体积大，速度快，并且价格昂贵。与小型计算机相比，大型计算机也可以提供终端，同时为多个用户执行处理任务，但大型计算机可以同时处理更多用户的任务，并且可以存储更多的数据，速度也更快。

图1-3　工作站和服务器　　　　　　　　　图1-4　大型计算机

巨型计算机（Supercomputers）又称为超级计算机，主要用于国家级高科技领域和国防尖端技术中的科学计算和科学研究，如天气预报、地震分析及核武器试验等。另外，巨型计算机可为包含大量数学运算的科学应用服务，如航空、汽车、化工、生物、电子和石油等行业。巨型计算机速度快的原因主要是因为它使用了多个处理器。它的运算速度随着计算机的发展不断提高，现代超级计算机的速度用纳秒和千兆位次浮点运算衡量，纳秒是十亿分之一秒，千兆位次浮点运算指的是每秒进行10亿次浮点算术运算。2010年，由国防科技大学研制的"天河一号"在世界超算排行榜上首次夺冠。2016年6月，中国研发出了当时世界上最快的超级计算机"神威太湖之光"，目前落户在位于无锡的中国国家超级计算机中心。该超级计算机的浮点运算速度是当时世界上第二快的超级计算机"天河二号"（同样由中国研发）的2倍，达每秒9.3亿亿次。

任务 1.3　计算机的应用和发展

计算机对人们生活的影响巨大，人们通过计算机互联网沟通感情，相互交流，了解信息，进行网上娱乐、休闲购物，可以说，计算机网络的作用是发挥不尽的。如果现在没有它，生活真是不可想象。

1. 计算机的应用

计算机是近代科学技术迅速发展的产物，在科学研究、工业生产、国防军事、教育和国民经济、人类生产和生活的各领域都得到广泛的运用。归纳起来，计算机的应用主要有以下几方面。

（1）科学计算

科学计算就是数值计算，是指科学研究和工程技术中复杂的数学问题的计算。计算机作为一种计算工具，科学计算是其最早的应用领域。如在数学、天文学、物理学、经济学等许多学科的研究中，在水利工程、桥梁设计、飞机制造、导弹发射、宇宙航行等大量工程技术领域中，经常会遇到各种各样的科学计算问题。在这些问题中，有的计算量很大，要解成具有千上万个未知数的方程组，过去用一般的计算工具无法解决，严重阻碍了科学技术的发展。例如，1946 年美国原子能研究有一项计划，要做 900 万道题的运算，需要 150 个工程师计算一年，而使用当时的计算机进行运算，只用 150 小时就完成了。

（2）信息处理

在当今的信息社会里，每时每刻都要收集、加工、处理大量信息。计算机具有高速运算、大容量存储、逻辑判断能力，所以成为信息处理最有力的工具，广泛应用于企事业管理和情报检索等方面。

（3）实时控制

实时控制也称为过程控制，是指用计算机实时检测，按最佳数值实时对控制对象进行自动控制或自动调节。利用计算机进行过程控制，能改善劳动条件，提高产品质量，节省能源，降低成本，实现生产过程自动化。现在，计算机过程控制已在冶金、化工、水电、机械、纺织、航天等许多部门得到了广泛的应用。

（4）计算机辅助工作

计算机辅助设计（Computer Aided Design，CAD）是指利用计算机帮助人们进行产品设计和工程技术设计，可提高设计质量、缩短设计周期，使设计过程自动化。目前，计算机辅助设计已应用到机械、电子、航空、造船、建筑和服装等方面的设计工作中，并取得了很好的效果。

计算机辅助制造技术（Computer Aided Manufacture，CAM）是由计算机辅助设计派生出来的，用来进行生产设备的管理、控制、操作等，如数控加工中心可实现无纸加工。

计算机辅助教育（Computer Base Education，CBE）即计算机在教育领域的应用，包括计算机辅助教学（Computer Aided Instruction，CAI），即用计算机进行辅助教学，结合多媒体技术开发出多媒体 CAI 软件，可使教学内容多样化、形象化，便于因材施教。

计算机辅助测试（Computer Aided Test，CAT），是指利用计算机进行产品测试。

（5）人工智能

人工智能（Artificial Intelligence，AI）是用计算机模拟人类的一部分智能活动，如学习过程、推理过程、判断能力、适应能力等。

（6）计算机网络

计算机网络是指利用通信设备和线路将地域不同的计算机系统互连起来，并在网络软件支持下实现资源共享和传递信息的系统。大到遍及全世界的 Internet，小到几台计算机连成的局域网，计算机网络正在普遍应用。

（7）办公自动化

办公自动化是指用计算机或数据处理系统来处理日常例行的各种工作，是当前最广泛的一类应用，具有完善的文字和表格处理功能，以及较强的资料、图像处理和网络通信能力，可以进行各种文档的存储、查询、统计等工作。例如，起草各种文稿，收集、加工、输出各种资料信息等。

总之，计算机已在各领域、各行业中得到广泛应用，其应用范围已渗透到科研、生产、军事、教学、金融、交通、农林业、地质勘探、气象预报、邮电通信等行业，并且深入到文化、娱乐和家庭生活等领域，其影响涉及社会生活的各方面。

2. 计算机的发展趋势

当前计算机技术发展的趋势是巨型化、微型化、网络化、多媒体化等。

（1）巨型化

巨型化主要指的是大力发展巨型计算机。巨型机不仅代表了计算机科学技术发展的最高水平，还是一个国家综合科技实力的体现，所以科学技术比较发达的国家对巨型机的研究非常重视，竞争也十分激烈。

（2）微型化

电子技术的发展，特别是集成电路技术的发展，促进了计算机的发展。随着电路技术的集成度越来越高，微型计算机的体积越来越小，性能越来越高，功能越来越强，而价格越来越低，即性价比越来越高。

微型计算机的核心是微处理器。微处理器也称为中央处理器（CPU）。自从 1971 年 Intel 公司生产出第一台由 Intel 4004 组成的 MCS-4 微型计算机以来，到 2017 年 5 月的 Intel 酷睿 i9（十八核三十六线程，64 位 4.2 GHz），微型计算机得到了快速发展。

（3）网络化

网络化的内容是十分广泛的。这里所说的网络化，是当前世界范围内蓬勃发展的计算机网络系统，其目的是实现网络中的软件资源、硬件资源共享。这是在计算机应用日益普及、通信工具广泛使用、人们对信息资源的需求日益增大的基础上，由先进的计算机技术与先进的通信技术紧密结合的产物。当今计算机的应用已进入网络时代，也可以说，计算机网络的诞生把计算机的应用推向了更高阶段。

当今，计算机的发展潮流是实现不同国家、不同地区、不同系统、不同机型之间的联网，逐步建成人们向往的信息高速公路，将促进所有行业最广泛地、充分地运用信息及计算机管理，推动信息制造业和服务业的发展。例如，可以推动通信系统、交通系统、教育系统、医疗系统及许多公用事业的现代化进程。信息高速公路的建设必将对全球经济、政治、文化和人们的工作及生活产生极大影响。

（4）多媒体化

多媒体技术是指利用计算机技术和其他有关技术，同时获取、编辑、处理、存储、传输和展示不同类型信息的媒体（如图、文、声、像）技术。

20世纪90年代以来,世界向着信息化社会发展的速度明显加快,而多媒体技术的应用在这一发展过程中发挥了极其重要的作用。多媒体改善了人类信息的交流,缩短了人类传递信息的路径。

① 教育

把多媒体技术用于教学,可以使教学过程具有图、文、声、像、动画等效果,不仅生动形象,学生易于接受,还可以通过对某些事物运动过程的控制,产生想象不到的新奇效果,有利于激发学生的想象力和创造力,增加课堂上教学的信息量,起到事半功倍的效果。

② 办公自动化

利用多媒体技术,可以把图形、图像、文字、音频、视频等多媒体信息和网络通信、数据库管理、触摸屏操作等功能集成在办公自动化系统中,并提供友好的应用界面。

③ 电子出版物

多媒体技术为新闻出版实行"无纸出版"提供了支持,可将图形、文字、声音、图像以数字形式展现,经过加工后转存到各种存储介质中。目前,电子出版物已大量涌现,人们可以每天通过计算机阅读报纸、查询信息和学习各种知识。

④ 多媒体咨询服务系统

利用多媒体技术可以为旅游、交通、宾馆、饭店、医院等建立起无人值守的但具有图、文、声、像的各种咨询、导游、导诊、导购系统。

总体来看,多媒体技术正向两方面发展:一是网络化发展趋势,与宽带网络通信等技术相互结合,使多媒体技术进入科研设计、企业管理、办公自动化、远程教育、远程医疗、检索咨询、文化娱乐、自动测控等领域;二是多媒体终端的部件化、智能化和嵌入化,提高计算机系统本身的多媒体性能,开发智能化家电。

任务1.4 计算机的硬件系统

图1-5 计算机系统组成

如图1-5所示,计算机系统由硬件系统和软件系统两大部分组成。硬件系统是构成计算机系统的各种物理设备的总称,软件系统是指实现算法的程序及其文档资料。计算机是按照人们预先编写的程序,依靠硬件和软件的协同工作来执行给定任务。

计算机是人们生活中很常用的电子设备,由许多基本的配件和部件组成,如显示器、鼠标、键盘。那么,计算机的硬件系统具体由哪些部分组成呢?通过本任务可以简单了解。

1.4.1 知识导读:计算机硬件系统

1. 计算机硬件系统

存储程序概念最早是由美籍匈牙利科学家冯·诺依曼提出的,为了充分发挥电子元器件的高速性能,计算机应当采用二进制数进行运算,应当在机器中配置可以存储程序和数据的存储器,应当具有自动实现程序控制的功能等。

按照冯·诺依曼的计算机结构思想,计算机硬件系统由运算器、控制器、存储器、输入设备和输出设备组成。图1-6表明了计算机的五大部件及其关系,实线表示数据传输路径,虚线表示控制信息的传输路径。

图1-6 计算机基本结构

（1）控制器（Control Unit）

控制器的主要作用是控制各部件协调工作,使计算机能自动地执行程序。

控制器主要完成各种算术及逻辑运算,并控制计算机各部件协调工作。CPU芯片有Intel 8086、8088、80286、80386、80486和Pentium,直至目前的Intel酷睿i9等,按处理数据的位数可分8位、16位、32位、64位等类型。同时,处理的数据位数越多,计算机的运算能力就越强,工作速度就越快。

（2）运算器（Arithmetical Unit）

运算器的主要功能是完成对数据的算术运算（加、减、乘、除、函数运算）和逻辑运算（AND、OR、NOT）等操作,在控制器的控制下,可以对存储器中的数据进行运算,将结果送回存储器中。

（3）存储器（Memory）

存储器是用来存储程序和数据的部件,通常分为内存储器（内存或主存）和外存储器（外存或辅存）两类。计算机的内存容量的大小决定其处理数据的能力,外存容量的大小决定其存储数据的能力。

内存储器的特点是存取速度快,但容量小、价格高。按工作方式不同,内存储器可以分为随机存取存储器（Random Access Memory,RAM）、只读存储器（Read Only Memory,ROM）。

随机存取存储器RAM是与CPU直接交换数据的内部存储器,可以随时读写,而且速度很快,通常作为操作系统或其他正在运行中的程序的临时数据存储媒介。其中的存储单元的内容可按需随意取出或存入,且存取的速度与存储单元的位置无关。随机存取存储器在断电时将丢失其存储内容,所以主要用于存储短时间使用的程序。按照存储单元的工作原理,随机存取存储器又分为静态随机存储器（Static RAM,SRAM）和动态随机存储器（Dynamic RAM,DRAM）。

为了将启动计算机时经常需要的一些指令（BIOS的小型指令集合）保存起来,需要一种存储器,既具有磁盘存储器掉电信息不丢失的特点,又具有RAM存取数据快的特点,所以出现了 ROM。ROM 中的信息是使用专用的数据写入器,在生产时固化进去的(用来放一些固定程序,如初始化程序、诊断程序等)。

外存储器是一种大容量且可以长期保存数据的存储器,但存取速度慢,如软盘、硬盘、光盘、U 盘、磁带等。

(4)输入设备(Input Device)

输入设备能把程序、数据、图形、声音或控制现场的模拟量等信息,通过输入接口转换成计算机可以接受的数据。常用的输入设备有键盘、鼠标器、触摸屏、卡片输入机、光笔、数字化仪、扫描仪、语音录入系统及各种模数(A/D)转换器等。

(5)输出设备(Output Device)

输出设备能把计算机的运行结果通过输出接口转换成人们要求的直观形式或控制现场能接受的形式,通过打印机、显示器、绘图仪及模数(A/D)转换器等输出。

输入设备、输出设备和外存储器统称为外部设备(简称外设),它们是计算机与外界进行交互的桥梁。

2. 微型计算机的组成

微型计算机又称为微机,是大规模集成电路技术与计算机技术相结合的产物。从外观上看,微机主要由主机、显示器、键盘和鼠标等组成,有时根据需要,还可以增加打印机、扫描仪、音箱等外部设备。

主机主要由系统 CPU、主板、内存、外存(硬盘)、输入/输出电路、电源等组成,如图 1-7 所示。为了在 CPU、内存储器、外存储器和外部设备之间传递数据和指令,主机中还有各类通信总线。

图 1-7 主机(部分)

(1)CPU(Central Processing Unit,中央处理器)

微机中的运算器和控制器已经被集中到一块叫做微处理器即 CPU 的器件上。CPU 内部的运算器用来执行加、减等算术运算和比较数据等逻辑运算,控制器用来协调和控制对数据的操作。CPU 可以称为计算机的大脑,用来读取和执行程序指令、进行计算和做出判断。CPU 是计算机的重要技术指标,决定了计算机处理数据的能力,即执行各种指令的速度。图 1-8 是几种典型的 CPU 芯片。

图 1-8　CPU 芯片的外观

（2）主板

主板也称为母板，是计算机的调度中心，负责协调各部件之间的工作。主板的性能直接影响计算机的整体性能。主板如图 1-9 所示，包括：用于安装 CPU、RAM 内存条的插槽及其支持的电路和芯片，用于扩展主板功能和实现外部设备和 CPU 通信的扩展槽，用于连接外部设备、驱动器和电源的插槽或插座，连接主机面板上的指示灯和功能按钮的插件，以及在主板各部件中互相传递数据和指令的一组总线电缆。

图 1-9　主板

（3）存储器

存储器分为内存和外存，前面已经介绍。图 1-10 是一种 RAM（内存），直接插在主板上。硬盘是一种外存，其容量比软盘大。目前，硬盘的容量为几百 GB 到几 TB，如图 1-11 所示，一般被安装在主机内。硬盘作为数据和程序的主要存储器件，通常存放计算机的操作系统、常用的应用程序及用户的文档数据信息等。

图 1-10　某种 RAM　　　　　　　　　图 1-11　硬盘

1.4.2　知识拓展：多媒体技术

多媒体是指包含文本、图形、图像、音频、视频等多种媒体的集成物。

1. 多媒体技术及其特征

多媒体技术即计算机多媒体技术,是指用计算机对文本、图形、图像、音频及视频信息进行交互处理的一种信息综合处理技术,具有如下特征:多样性、集成性、交互性、数字化。

2. 多媒体计算机的构成与应用

多媒体计算机主要是指多媒体个人计算机(Multimedia Personal Computer,MPC),是在一般个人计算机的基础上,通过扩充来使用视频、音频、图形处理的软/硬件来实现高质量的图形、立体声和视频处理能力,包括如下硬件和软件。

(1) 主机

主机的性能指标主要指 CPU 类型、主频和运算速度,以及一级、二级缓存容量等。

(2) 多媒体输入设备

通常使用的多媒体输入设备包括数字视频、音频输入设备,如图像扫描仪、数码相机、CD-ROM 等,以及模拟视频、音频输入设备,如摄像机、传真机、话筒、MIDI 合成器等。

(3) 多媒体输出设备

多媒体输出设备通常有视频、音频播放设备,如显示器、扬声器、MIDI 合成器、电视机、耳机等。

(4) 多媒体存储设备

多媒体存储设备通常包括磁盘、光盘、录像带及 U 盘等。

(5) 多媒体功能卡

多媒体功能卡包括声音卡、视频卡和通信卡等。

(6) 多媒体控制设备

多媒体控制设备通常包括键盘、鼠标、操纵杆和触摸屏等。

(7) 多媒体软件系统

多媒体软件系统是 MPC 的重要组成部分,与多媒体硬件有机配合,完成多媒体功能。

任务 1.5　认识磁盘

微型计算机系统的外存目前主要使用磁盘存储器。对磁盘存储器的操作主要是把内存数据信息写入磁盘或读出磁盘信息到内存的操作。根据其介质的材料不同及生产工艺的不同,磁盘存储器分为软盘和硬盘。下面主要介绍硬盘。

1.5.1　知识导读:硬盘

1. 硬盘的使用

硬盘采用合金作为基体,涂上磁粉制成。硬盘的使用与软盘差异不大,不同的是:首先,硬盘在使用前的处理与软盘不一样;其次,软盘在使用时需要插入到指定的驱动器中,而硬盘是固定在机内的。对于用户来说,硬盘在格式化后,它的使用与软盘几乎没有区别。

(1) 硬盘的存储格式

存储格式的划分主要由系统的格式化程序来定。与软盘相比,硬盘的存储量比较大、转速高、读/写速度快。目前的主流硬盘容量为 500 GB～2 TB，硬盘转速可达 15000 转/秒。

（2）硬盘使用前的准备工作

硬盘在使用前要进行如下准备工作。

- 硬盘的低级格式化：借助 ROM-BIOS 中的硬盘初始化程序，或运行 HD FORMAT 实用软件。
- 硬盘的分区：低级格式化后的硬盘仍不能被系统识别，系统允许用户把硬盘分成若干相对独立的逻辑存储区域。对硬盘进行分区操作，通过执行 DOS 系统盘上的 FDISK 命令来完成。
- 硬盘的高级格式化：硬盘在建立分区后，每个硬盘分区必须进行高级格式化后才能使用，由 FORMAT 命令来完成。

格式化操作会清除掉硬盘上原有的全部信息，所以操作时应慎重。关于硬盘准备工作的具体操作，在此不再叙述。

（3）硬盘的分类

硬盘一般分为传统硬盘（Hard Disk Drive，HDD，即机械硬盘）、固态硬盘（Solid State Drive，SSD）和混合硬盘（Hybrid Hard Drive，HHD）。HDD 采用磁性碟片来存储，SSD 采用闪存颗粒来存储，HHD 是把磁性硬盘和闪存集成到一起的一种硬盘。

固态硬盘，简称固盘，由控制单元和存储单元（FLASH 芯片、DRAM 芯片）组成。固态硬盘在接口的规范和定义、功能及使用方法上与普通硬盘的完全相同，在产品外形和尺寸上也完全与传统硬盘一致。固态硬盘被广泛应用于军事、车载、工控、视频监控、网络监控、网络终端、电力、医疗、航空、导航设备等领域。

固态硬盘为全电子结构，采用集成电路存储技术，使用存储芯片加上寻址控制器来组成的硬盘，类似 U 盘技术，没有任何机械运动部件。传统硬盘采用高速旋转的磁盘来存储数据，通过磁头来读写，这一机械运动过程中带有延迟并且无法同时并发多向读写数据。固态硬盘具有以下优点：

① 速度快。固态硬盘在传输速度上有很大的优势，实际读写速度是普通 U 盘的 20 倍以上。一部高清电影或者上千张图片可能只需要几秒，便可以从计算机复制到固态硬盘。对于常常需要读取大文件或处理大文件的用户来讲，固态硬盘是不错的选择。

② 体积小、重量轻。固态硬盘的存储芯片非常小巧，即便加上外壳、控制电路和接口芯片，最终产品的体积也不到普通移动硬盘的三分之一，放到手掌之中可能不会比一张信用卡大多少（但要厚一点）。

③ 无噪音、故障率低。固态移动硬盘的工作原理有点像 U 盘，由于固态移动硬盘的数据存取不需要依赖机械式磁头，也不需要借助那些娇贵的高密磁碟，因此固态移动硬盘可以做到无噪音工作，并且不会像普通硬盘那样容易摔坏。

固态硬盘在速度及安全方面有很大的优势，因为是最新技术，所以在价格方面相对传统硬盘来讲高了很多，固态硬盘现在的价格一般是传统硬盘的 2～3 倍，但是随着摩尔定律的不断发展，固态硬盘的闪存芯片密度会越来越大，存储量会越来越高，以后的价格会越来越低，可以预见，固态硬盘取代传统硬盘势在必行。

2. U 盘存储器

在信息社会中，人们对移动数据存储提出了更高的要求，传统的软盘已经无法满足我们的需要，因此方便、实用的个人移动存储设备——闪盘（也称为 U 盘）迅速普及。U 盘（如图 1-12 所示）使用简单，但不正确的使用会导致数据丢失，甚至造成 U 盘损坏。

图 1-12 U 盘

（1）正确地安装驱动

一般来说，硬件的正常使用需要驱动程序的支持，U 盘在这方面做得很好，Windows XP 以上的版本无须驱动都可以正常使用，即插即用。

有些 U 盘具有启动、加密等功能，在任何 Windows 的版本中可能都需要安装驱动，否则将无法正常使用。还有一些特例，如朗科的双启动 U 盘具有 USB FDD 和 USB HDD 启动功能，有一个 FD 和 HD 的切换开关，需要在不同的状态下安装不同的驱动程序。具体的情况，读者可以查阅 U 盘的使用手册。

（2）U 盘的拔插

U 盘采用 USB（Universal Serial Bus，通用串行总线）接口，可以进行热拔插，但是需要掌握一些技巧。在插入时需要注意方向，在遇到无法插入的情况时，千万不要用力，换个方向就可以解决问题，并且在拔下后也不要马上就插入，而要等待 5 秒钟左右再插入。

很多 U 盘上都有 LED 的指示灯，指示灯的明暗、闪烁反映了 U 盘的不同状态，一般来说，指示灯只要亮，就不能拔下 U 盘，这说明 U 盘在工作，强行拔出会造成损坏。对于没有指示灯的 U 盘，在进行完读写操作后等待一会儿再拔出，这样比较安全。在 Windows 7 下，插入 U 盘后会在任务栏中出现 USB 设备的图标，打开该图标，就会在列表中显示 U 盘设备，选择将该设备停用，再拔出设备，这样比较安全。需要说明的是，有的 U 盘在 Windows 7 下的指示灯总是亮着的，这是因为 Windows 7 会检测到新增的 USB 设备，只要有数据流量，指示灯就会闪烁，因此要在停用该设备后再拔出。

（3）读写开关的选择

与软盘类似，U 盘上一般有读写开关，切换该开关可以控制 U 盘是否允许读写。不少用户在使用该开关时，直接在使用时进行切换，这是不正确的。这样不仅不能使设置生效，还有可能损害 U 盘。正确的方法是，先拔下 U 盘，进行状态切换，再插入 U 盘，这样才能正常使用。同样，有的 U 盘上有其他切换开关，也要遵循以上步骤进行操作。

（4）无法找到设备

有时插入 U 盘后，计算机没有任何反应，这时要按照以下步骤进行检查。

首先，判断 U 盘是否已经正确插入 USB 接口，可以拔下来再插一次；然后，检查是否已经在系统的 BIOS 设置中将 USB 接口激活。如果已经启用了 USB 设备但运行不正常，解决办法为：在设备管理器中删除"通用串行控制器"下的相关设备，再刷新。最后，检查是否为 U 盘驱动程序的问题。如果经过以上办法还不能解决问题，建议在另一台计算机上测试，如果还是无法使用，有可能是 U 盘本身的问题，这时只能进行更换。

（5）读写时的故障

如果 U 盘安装正常，但是在读写时出现故障，这有可能是 U 盘本身的问题。

可以读但是无法写入，多半是在 U 盘中设置了只读开关，或者是 U 盘的空间已满，需要删除一部分文件后才能继续进行；断电或在使用时强行拔出都有可能造成 U 盘无法使用，此时需要对 U 盘重新进行格式化。虽说在系统中可以直接对 U 盘进行格式化，但有时候并不能解决问题，建议使用 U 盘自带的工具进行格式化。一般进行重新格式化后，问题就可以解决。

（6）启动和加密

要利用 U 盘进行启动必须具备两个条件。首先，主板支持从 USB 设备启动，一般来说，较老的主板都不支持此项功能；其次，U 盘必须支持启动功能。如果对 U 盘进行了格式化操作，U 盘上的启动信息将被破坏，无法使用启动系统的功能，那么需要用其自带的启动工具重新制作启动 U 盘。加密功能同样需要硬件和软件的支持，也就是说，不仅 U 盘本身支持硬件加密功能，还需要安装相应的软件或驱动，才能完成加密的工作，这两者缺一不可。不同型号的 U 盘在使用时有可能出现其他问题，此时需要做的是仔细地查阅使用说明书来解决遇到的问题。

3. 移动硬盘

移动硬盘（Mobile Harddisk）是以硬盘为存储介质，在计算机之间交换大容量数据，强调便携性的存储产品。截至 2015 年，主流 2.5 英寸品牌移动硬盘的读取速度为 50～100 MB/s，写入速度为 30～80 MB/s。普通计算机硬盘通过硬盘盒或其他转换接口设备，也能实现移动硬盘的效果，如图 1-13 所示，通常采用 USB 接口与计算机连接。

（1）容量大

图 1-13 移动硬盘

移动硬盘可以提供相当大的存储容量，是一种较具性价比的移动存储产品。在大容量"闪盘"价格只初步被用户接受的情况下，移动硬盘能在用户可以接受的价格范围内，提供给用户较大的存储容量和不错的便性。市场中的移动硬盘能提供 320 GB～4 TB 等容量，最高可达 12 TB，可以说是 U 盘、磁盘等闪存产品的升级版。

（2）体积小

移动硬盘（盒）的尺寸分为 1.8 寸、2.5 寸和 3.5 寸三种。2.5 寸移动硬盘盒可以使用笔记本电脑硬盘，2.5 寸移动硬盘盒体积小、重量轻，便于携带，一般没有外置电源。移动硬盘大多数是 USB 接口的，但 USB 接口功能有限，所以移动硬盘使用的 2.5 寸硬盘实际上同笔记本上使用的硬盘是不一样的。笔记本要求硬盘快速启动，所以笔记本硬盘的启动电流大一些，约 900 mA。移动硬盘使用的盘片启动时间略长，启动电流小一些，一般为 700 mA 左右。

（3）速度高

移动硬盘大多采用 USB、IEEE1394、eSATA 接口，能提供较高的数据传输速度。不过移动硬盘的数据传输速度一定程度上受到接口速度的限制，尤其在 USB 1.1 接口规范的产品上，在传输较大数据量时，将考验用户的耐心。而 USB 2.0、IEEE1394、eSATA 移动硬盘接口相对好很多。USB 2.0 接口的传输速率是 60 MB/s，USB 3.0 接口的传输速率是 625 MB/s，IEEE1394 接口的传输速率是 50～100 MB/s。

1.5.2 知识拓展：计算机性能指标

1. 字长

字长是衡量计算机的重要性能指标之一，是 CPU 可以同时处理的数据的二进制位数，反映了 CPU 的寄存器和数据总线的数据位数。字长在很大程度上决定着计算机的内存最大容量、文件的最大长度、数据在计算机内的传输速度、计算机的处理速度和精度等重要指标。

一组二进制数作为一个整体来参加运算或处理,这组数码叫做计算机的一个字(Word)。一个字中包含二进制位数的多少叫字长。

2. 运算速度和主频

运算速度通常定义为 CPU 每秒执行加法指令的数目,用来描述 CPU 的工作快慢,其单位是 MIPS(Million Instruction Per Second,每秒百万条加法指令)。

主频是 CPU 工作的时钟频率,或称为系统时钟,单位是 MHz 或 GHz,在很大程度上决定计算机的运算速度。目前,Intel 酷睿 i7 4790K(四核八线程)芯片主频可达 4 GHz。

3. 存储容量

一般,一位二进制数称为一个二进制位(bit),8 个二进制位称为 1 字节 B(Byte)。内存容量一般用 KB(1024 B)、MB(1024 KB)、GB(1024 MB)、TB(1024 GB)来表示。Windows 7 至少需要 1 GB 以上内存。

任务 1.6 认识常用输入/输出设备

通过本任务,学习计算机的输入输出设备,熟悉计算机的硬件组成,掌握常见输入、输出设备的功能和使用技巧。

1.6.1 知识导读:常用输入/输出设备及其使用

1. 常用输入设备

(1)键盘

键盘是人们向计算机发布指令和提供信息的输入设备之一。目前主要采用 101 键的通用键盘被分为 4 个区域:功能键区、主键区、编辑键区和数字键区。,如图 1-14 所示。

图 1-14 键盘

① 功能键区

功能键区是指键盘上面一排的 F1~F12 按键,它们随着计算机所处状态或使用的软件不同而具有不同的功能。例如:

- F1:每次从缓冲区复制一个字符。

- F2：复制缓冲区指定字符之前的字符。
- F3：复制缓冲区所有字符。
- F4：复制缓冲区指定字符之后的字符。

② 主键区

主键区有 26 个字母、10 个数字、"+" "-" 运算符等特殊符号和一些控制键。

- Caps Lock（大写锁定键）：开关键。当输入英文字母时，通过键盘右上角的 Caps Lock 指示灯来确认，灯亮为大写状态，灯灭为小写状态。
- Shift（换挡键）：对应键盘上的双符号键，在正常使用时，输入的是下挡字符；按住 Shift 键再按该键时，就输入上挡字符。另外，可以通过 Shift 键来输入处于大写（小写）状态时的小写（大写）字母。
- Back Space（退格键）：按一下该键，则删除光标左边的一个字符，后面内容左移一个字符位。
- Enter（回车键）：应在一个计算执行信息输入的结尾，以告诉计算机本行内容结束。该键结束命令行内容的输入，计算机开始执行命令或在编辑状态下换行。
- Ctrl 和 Alt：两个功能很强的控制键。在汉字操作系统下按 Alt+功能键切换输入方式。例如，Ctrl+Alt+Del 组合键为热启动，Ctrl+Break 组合键为强行中止。

③ 编辑键区

PageUp/PageDown 为翻页键；Ins/Insert 为插入键，在当前光标位置插入新的字符或空行；Del/Delete 为删除键，删除光标处的字符，光标不动，后面的字符前移；Pause 为暂停键。

④ 数字键区

按 NumLock 键，键盘右上角对应的指令灯亮，此时为数字状态，灯灭时为光标控制状态。其功能与编辑键区各键功能相同。

（2）鼠标

用户在使用计算机进行"人机对话"时，除了常用的键盘，又开发了指点设备或称为定位设备。鼠标器可以方便地将光标定位在屏幕上的任意位置，鼠标的常用操作有以下几种。

- 单击：按下鼠标左键，立即释放。单击一般用于完成选中某个选项、命令或图标。
- 双击：快速地单击鼠标左键两次。一般情况下，双击表示选中并执行。
- 拖曳：按住鼠标左键不放，把鼠标的光标移动到新的位置，再松开左键。拖曳操作常用于移动对象。
- 右击（或单击右键）：按下鼠标右键，立即释放。右击通常弹出一个快捷菜单，这是执行命令最方便的方式。
- 移动：握住鼠标在桌面或鼠标垫上随意移动，鼠标指针会随之在屏幕上同步移动。

（3）扫描仪

扫描仪是常用的静态输入设备，直接接在计算机的并行口或内置的 USB 接口上，一般分为平板式扫描仪、照片扫描仪和手持扫描仪。

扫描仪配置的软件可使扫描仪的性能达到最佳化，利用 OCR 软件，可使扫描的图形文本转换为数字文本，用 PhotoImpact、PhotoShop 等软件可以完成扫描的图形图像的处理。

（4）汉字书写板

汉字书写板是一种可以用手写的方式向计算机输入文字的设备，由一支特殊的笔和相应的硬件及软件配合，可以实现手写输入操作。

（5）麦克风

麦克风是一种语音输入设备，与计算机声卡连接，将声音信息输入计算机。

（6）数码相机

数码相机是目前最流行的照相机。数码相机中的图像可以导入到计算机中进行处理。

2．常用输出设备及其使用

图 1-15　显示器

（1）显示器

显示器又称为监视器（Monitor），如图 1-15 所示，主要由阴极射线管（CTR）和控制电路组成。现在用于笔记本式或便携式计算机上的显示器全部是平板显示器（LCD、有源或无源矩阵等）。显示器通过信号电缆线与适配器相连。显示器有两种显示模式：字符显示模式和图形显示模式。

（2）打印机

打印机是常用的输出设备，用户通过它可以直接获得输出信息的硬拷贝。打印机的种类很多，按输出方式，可分为并行打印机和串行打印机两种；按印字方式，可分为撞击式和非撞击式打印机两种，例如，撞击式有针式打印机，非撞击式有激光打印机、喷墨打印机、静电打印机等。

（3）声卡和音响

声卡和音响是计算机的声音输出设备。声卡是插在计算机主板上的一块电路卡，其作用是将计算机中存储的数字化声音转换成模拟信号输出给音箱。

（4）绘图仪

绘图仪是将计算机的输出信息绘制成图形的输出设备，一般可分为两类，即笔式绘图仪和非笔式绘图仪。

除了上述输入、输出设备，还有很多，如光笔等。

1.6.2　知识拓展：指法

要熟练操作键盘，高速输入文字等内容，需要掌握正确的指法并通过反复练习才能奏效。

1．正确的坐姿

① 身体正对键盘，上身挺直，两肩放松，双脚适当分开，平放于地面。

② 两手自然弯曲，轻放在 ASDF 和 JKL;的八个基本键上，大拇指放在空格键上。身体其他部分不得接触键盘。手腕不能放在桌上。

③ 开始学习时尽量不要看键盘。

2．指法

① 打字时身子要坐正，双手轻松地放在键盘上。

② 打字时双手的十个指法都有明确的分工，才能实现盲打和提高打字速度。

基本键有 8 个，分别是：A、S、D、F 和 J、K、L 和 ";" 键。一般，F 和 J 键上有凸起的横条或圆点。

两只手的拇指轻放在空格键上，左手食指放在 F 键上，右手食指放在 J 键上，其余的一个手指一个位置，如图 1-16 所示。

图 1-16　指法示意

基本键是打字时手指所处的基准位置，击打其他任何键，手指都从这里出发，而且打完后必须立即退回到基本键位。

任务 1.7　计算机的软件系统

软件是程序、原始数据及有关文档（资料）。计算机软件系统包括系统软件和应用软件两大类。

1.7.1　知识导读：计算机软件系统概述

系统软件是指为了方便和充分发挥计算机的功能向用户提供的一系列软件，包括操作系统、语言处理系统、数据库管理系统和网络系统等。

1. 系统软件

（1）操作系统（Operation System，OS）

操作系统是能对计算机的硬件和软件资源进行有效管理、控制，合理组织计算机工作流程的一组程序。其作用是把只有硬件的裸机改造成具有不同特征、功能更强、使用方便的计算机。

（2）语言处理系统

人类对语言是十分熟悉的，因为它是表达、传递与交换信息的主要工具。计算机语言就是能让计算机直接或间接识别和接受的语言。当今在计算机上所用的语言大致划分为 3 种，即机器语言、汇编语言和高级语言。

机器语言是计算机可以直接识别和接受的语言。这种语言是由 0、1 组成的代码程序，用这两个二进制数码在一定位长上的组合，形成千变万化的二进制程序，表达千变万化的信息。虽然二进制数码组合成的代码（即机器语言）容易被计算机硬件接受，然而书写烦琐、阅读不直观等缺陷给程序编制和维护造成了严重困难。

汇编语言是用规定了的符号代码，形成一种称为符号指令代码的汇编语言，还需要一个用机器指令编写的程序转换为机器语言程序（目标程序），再交给计算机去执行。

高级语言也称为算法语言，与数学语言十分类似，包括面向过程的语言和面向对象的语言等。用高级语言描述问题的过程，就同人们叙述一件事情一样。因此，在同等程度上，它类似人类语言，使书写程序、维护和调试程序效率提高。高级语言是不能直接为计算机识别和接受的语言，所以，用高级语言编写的程序（源程序）必须经过编译程序（或解释系统），把它翻译成机器语言程序（目标程序），再交给计算机执行。

从 1954 年的第一个完全脱离机器硬件的高级语言 FORTRAN 问世，到 2015 年的 60 年来，有几百种高级语言出现，有重要意义的有几十种，如 FORTRAN、ALGOL、COBOL、BASIC、PASCAL、C++、Visual Basic、Visual C++、C#、Java、Python 等。

（3）数据库管理系统

数据处理在计算机应用中占很大比例，对于大量的数据如何存储、利用和管理，如何使多个用户共享同一数据资源，是数据处理中必须解决的问题。为此，20 世纪 60 年代末产生了数据库管理系统（DataBase Manager System，DBMS），80 年代随着微型计算机的普及，数据库管理系统得到了广泛的应用，近年来用户比较熟悉的数据库管理系统有 SQL Server、Oracle、Sybase 等。

（4）网络系统软件

计算机网络的构成为网络硬件、网络拓扑结构、传输控制协议以及网络软件。网络软件主要是指网络操作系统。除了具有普通操作系统的功能，网络操作系统还应增加网络管理模块，主要功能是支持计算机与计算机、计算机与网络之间的通信，提供各种网络服务，保证实现网络上的资源共享和信息通信。当前流行的网络操作系统有基于 TCP/IP 的 UNIX、Linux、Novell Netware、Microsoft Windows NT 等。

2．应用软件系统

在计算机硬件和系统软件的支持下，为解决某个应用领域的具体问题而编制的软件（或实用程序）称为应用软件，如：工程和科学计算软件包，文字处理软件，商务信息管理软件，辅助设计软件 CAD、CAM、CAI，工业生产自动化实时控制软件等。

3．计算机程序设计

结构化程序设计是一种计算机软件开发技术。一方面，从总体上来说，软件的开发要求对要解决的问题采取"自顶向下、逐步求精、分而治之"的原则，以保证所开发的软件具有清晰的层次结构和功能明确的模块（程序单元）。另一方面，在对一个软件进行详细设计和采用某种程序设计语言来编写程序时，要求使用典型的基本控制结构，以增加程序的可读性和可维护性，从而有利于提高程序的质量。

程序设计过程，即程序设计、编写和调试程序的过程，主要包括：

① 分析给定问题。

② 确定求解思路。

③ 绘制程序流程图或系统结构图。

④ 根据流程图编制源程序。

⑤ 上机调试。
⑥ 修改调试中的语法错误及逻辑错误,直到最后确定源程序。

1.7.2 知识拓展:计算机中的数制

计算机可以通过输入设备接收各种形式的信息,然而在计算机内部处理的并不是输入的信息形式,而要将它们转换为计算机中的数。所以,计算机中的数是信息在计算机内部的表达式(载体),这种表达方式是信息处理的基础,是学习和使用计算机的基本知识。

1. 计算机中使用的数制

数制是以表示数值所用的数字符号的个数来命名,并按一定进位规则进行计数的方法。计算机能极快地进行运算,但其内部并不像人类在实际生活中使用的十进制,而是使用只包含 0 和 1 两个数值的二进制。当然,人们输入计算机的十进制数被转换成二进制数进行计算,计算后的结果又由二进制数转换成十进制数,都由操作系统自动完成,并不需要人们手工去做,学习汇编语言,就必须了解二进制(还有八进制、十六进制)。数制也称为计数制,是用一组固定的符号和统一的规则来表示数值的方法。人们通常采用的数制有十进制、二进制、八进制和十六进制,如表 1-2 所示。

表 1-2 常用进制表

数制的表示方法	十进制	二进制	八进制	十六进制
基数	10	2	8	16
数字符号	0, 1, 2, 3, 4, 5, 6, 7, 8, 9	0, 1	0, 1, 2, 3, 4, 5, 6, 7	0, 1, 2, 3, 4, 5, 6, 7, 8, 9, A, B, C, D, E, F
进位规则	逢十进一	逢二进一	逢八进一	逢十六进一

(1) 十进制 (Decimal)

日常生活中,人们通常采用十进制来计数。十进制的基数为 10,有 0、1、2、3、4、5、6、7、8、9 十个数字符号,计数规则为"逢十进一"。

(2) 二进制 (Binary)

二进制是最简单的计数制,基数为 2,只有 0 和 1 两个数字符号,计数规则是"逢二进一",如二进制数 1011011.101。

二进制的特点是:二进制的物理表示容易实现,二进制中只有 0 和 1 两个数字符号,容易利用具有两种稳定物理状态的元件和电路来表示;容易被计算机识别,抗干扰性强,可靠性高;二进制的运算规则很简单。

(3) 十六进制 (Hex)

十六进制的基数为 16,需要用 16 个数字符号来计数,为此通常借用 A、B、C、D、E、F 六个英文字母分别代表 10、11、12、13、14、15 这六个数。所以,十六进制所用的数字符号是:0, 1, 2, 3, 4, 5, 6, 7, 8, 9, A, B, C, D, E, F。计数规则是"逢十六进一",即 F+1=10, FF+1=100……如十六进制数 19A.2E。

2. 使用计算器进行数制转换

Windows 系统附件中的"程序员计算器"具备常用数制之间的转换功能。

以 Windows 7 以例，打开计算器。选择"开始"菜单，然后选择"计算器"即可打开。在打开的计算器页面中，点开左上角的查看选项，此时弹出几个其他选项。选择"程序员"选项，或者直接按 Alt+3 组合键进入程序员界面，如图 1-17 所示。当然，想进行比较高级的计算，可以打开科学计算器的页面。此时会发现在计算器的左边有几个进制的选项。例如，把十进制数 63 转化为二进制数，就先在十进制里输入"63"，然后选择"二进制"，如图 1-18 所示，这时显示的"111111"便是转化后的二进制数字。

图 1-17　程序员计算器

图 1-18　进制转换结果

任务 1.8　熟悉操作系统

操作系统是用户和计算机的接口，也是计算机硬件和其他软件的接口。操作系统的功能包括管理计算机系统的硬件、软件及数据资源，控制程序运行，改善人机界面，为其他应用软件提供支持等，使计算机系统所有资源能最大限度地发挥作用。同时，操作系统提供各种形式的用户界面，使用户有一个好的工作环境，为其他软件的开发提供必要的服务和相应的接口。下面通过本任务，熟悉常见的操作系统分类和特点。

在计算机发展史上出现过许多不同的操作系统，目前主流的包括 UNIX、Linux、Windows 和 Mac OS。

1. UNIX

UNIX 是强大的多用户、多任务操作系统，支持多种处理器架构，最早由 Ken Thompson、Dennis Ritchie 和 Douglas McIlroy 于 1969 年在 AT&T 的贝尔实验室开发，其主要特点如下。

① 技术成熟，可靠性高。经过 50 多年开放式道路的发展，UNIX 的一些基本技术已变得十分成熟，有的已成为各类操作系统的常用技术。实践表明，UNIX 是能达到大型主机可靠性要求的少数操作系统之一。目前，许多 UNIX 大型主机和服务器在国外的大型企业中都是每天 24 小时每年 365 天不间断地运行的。国内一些重要行业（如银行、证券、电力等）和政府部门（如军队、国家安全等）的中小型服务器，即肩负着重要使命的企业/部门的信息系统都建立并运行在以 UNIX 系统为平台的架构上。

② 极强的可伸缩性。UNIX 系统是唯一能在笔记本电脑、PC、工作站直至巨型机上运行

的操作系统。

③ 网络功能强。作为 Internet 技术和异构机连接重要手段的 TCP/IP 就是在 UNIX 上开发和发展起来的。TCP/IP 是所有 UNIX 系统不可分割的组成部分。UNIX 服务器在 Internet 服务器中占 80%以上，有绝对优势。此外，UNIX 支持所有常用的网络通信协议，包括 NFS、DCE、IPX/SPX、SLIP、PPP 等，使得 UNIX 系统能方便地与已有的主机系统，以及各种广域网和局域网相连接。这也是 UNIX 具有出色的互操作性的根本原因。

④ 强大的数据库支持能力。由于 UNIX 具有强大的支持数据库的能力和良好的开发环境，因此多年来，所有主要数据库厂商，包括 Oracle、Informix、Sybase、Progress 等，都把 UNIX 作为主要的数据库开发和运行平台。

⑤ 开放性好。开放性是 UNIX 有别于 Windows 最重要的本质特性。

2. Linux 系统

Linux 是允许免费使用和自由传播的类 UNIX 操作系统，是一个基于 POSIX 和 UNIX 的多用户、多任务、支持多线程和多 CPU 的操作系统，能运行主要的 UNIX 工具软件、应用程序和网络协议，支持 32 位和 64 位硬件。Linux 继承了 UNIX 以网络为核心的设计思想，是一个性能稳定的多用户网络操作系统。

Linux 操作系统诞生于 1991 年 10 月 5 日（第一次正式向外公布的时间）。Linux 存在着许多版本，但它们都使用了 Linux 内核。Linux 可安装在各种计算机硬件设备中，如手机、平板电脑、路由器、视频游戏控制台、台式计算机、大型机和超级计算机。经过多年的发展，Linux 系统继承了 UNIX 系统的许多优秀特性，如性能稳定、功能强大、效率高和支持多任务、多用户、多平台等。与 Windows 系统相比，Linux 具有以下特点。

① 可完全免费得到。Linux 操作系统可以从互联网上免费下载使用，只要用户有快速的网络连接就行，而且 Linux 上运行的绝大多数应用程序也是可以免费得到的。

② 支持多种平台。Linux 可以运行在多种硬件平台上，如具有 x86、SPARC、Alpha 等处理器的平台。Linux 还是一种嵌入式操作系统，可以运行在掌上电脑、机顶盒或游戏机上。同时，Linux 支持多处理器技术。多个处理器同时工作，使系统性能大大提高。

③ 真正的多任务多用户。只有很少的操作系统能提供真正的多任务能力，尽管许多操作系统声明支持多任务，但并不完全准确。Linux 则充分利用了 80x86 CPU 的任务切换机制，实现了真正多任务、多用户环境，允许多个用户同时执行不同的程序，并且可以给紧急任务以较高的优先级。

④ 具有强大的网络功能。Linux 就是依靠互联网才迅速发展起来，可以轻松地与 Novell Netware 或 Windows Server 网络集成在一起。

3. Windows 系统

Windows 操作系统是一款由美国微软公司开发的窗口化操作系统，是目前世界上使用最广泛的操作系统之一。

Windows 采用了 GUI 图形化操作模式，比起从前的指令操作系统——DOS 更人性化、操作更方便。随着计算机硬件和软件系统的不断升级，Windows 操作系统也在不断升级，从 16 位、32 位到 64 位操作系统。从最初的 Windows 1.0 和 Windows3.2 到大家熟知的 Windows 95、Windows 98、Windows XP、Windows Server、Windows Vista、Windows 7、Windows 8、

Windows 10，各种版本持续更新，微软一直在致力于 Windows 操作的开发和完善。

4. UNIX、Linux 与 Windows 系统的比较

Windows：界面好，操作简单，适合一般用户和个人用户，但需花钱购买。

UNIX：交互性差，但功能强大，安全且稳定，一般用于大、中、小型计算机的大中型数据库系统平台。

Linux：UNIX 的"升级"，界面好且具有与 UNIX 一样的功能和性能，且是开源的，也就是它所有的源代码都可以看到，这就确保了它的安全性，许多国家机关、军事单位采用 Linux 就是因为这一点。

任务 1.9　Windows 7 小工具的使用

1.9.1　知识导读：Windows 7 小工具

在刚刚安装 Windows 7 时，桌面上会有三个默认小工具：时钟、幻灯片放映和源标题。但 Windows 7 中还有很多实用的小工具，安装快捷且使用方便，新闻推送、天气、导航等日常应用均能搞定。

1. 添加小工具

如果想在桌面上添加小工具，可以在桌面上右键打开小工具，在小工具库中双击想添加的小工具，被双击的小工具会显示在桌面上。也可以将需要的小工具直接拖曳到桌面上。

2. 设置小工具

如果想更改小工具，可以把鼠标拖到小工具上，然后点击像扳手那样的图标，就能进入设置页面。可以根据需要来设置小工具，然后单击"确定"保存。

3. 不透明度设置

如果觉得某个小工具挡住了桌面背景，可以更改不透明度。把鼠标移到想设置不透明度的小工具上，单击右键，再选择"不透明度"，单击想要的不透明度。不透明度数字有 20%、40%、60%、80%、100%。

4. 关闭小工具

除要删除桌面上已有的小工具，可以选中桌面上的小工具，然后单击右键，再选择"关闭小工具"，或者单击小工具右上角的关闭按钮，即可关闭小工具。

1.9.2　任务案例：小工具的使用方法

Windows 7 中新增了桌面小图标工具，用户可以把小工具放在桌面的任何地方。本任务通过添加"日历"小工具，熟悉小工具的使用方法。

【案例 1-1】 把当前系统已打开的桌面小工具全部关闭，再添加"日历"小工具到桌面上，将其放置在桌面的左上角，并将其不透明度设置为 60%。

【操作步骤】

<1> 选中桌面已有的小工具，单击右键，然后选择"关闭小工具"，或者单击小工具右上角的关闭按钮。

<2> 在桌面空白处单击右键，在弹出的快捷菜单中选择"小工具"命令，打开"小工具"的管理界面，如图 1-19 所示，选中"日历"图标，然后单击右键进行添加，或者双击"日历"图标。

图 1-19　Windows 7 的桌面小工具

<3> 选中桌面上的"日历"，拖曳至桌面的左上角并单击右键，然后将"不透明度"选项设置为"60%"，如图 1-20 所示。

图 1-20　不透明度设置

任务 1.10　文件及文件夹常用操作

1.10.1　知识导读：文件及文件夹

1. 文件

Windows 中所有的信息（包括文字、数字、图形、图像、声音和视频等）都是以文件形式存放的。文件是一组相关信息的集合，是数据组织的最小单位。

文件以图标和文件名来标识，一种类型的文件对应一种特定的图标。文件名是文件的唯一标记，是存取文件的依据。文件的类型由文件的扩展名标识，系统对文件类型及其扩展名有特殊的约定，如表 1-3 所示。

表 1-3　常见的文件类型及其扩展名

扩展名	文件类型	扩展名	文件类型	扩展名	文件类型
*.jpg	图形文件	*.gif	图形文件	*.doc/*.docx	Word 文档
*.exe	可执行文件	*.html	超文本文件	*.ppt/*.pptx	PowerPoint 演示文稿文件
*.avi	视频文件	*.mp3	声音文件	*.zip	压缩文件

2. 文件夹

文件夹一般用来存放具有某种关系的文件和文件夹，不仅用来组织和管理众多的文件，还用来管理和组织整个计算机的资源。例如,"打印机"文件夹是用来管理和组织打印机设备的,"我的电脑"是代表用户计算机所有资源的文件夹。

文件夹中可存放文件及子文件夹,这种包含关系使得 Windows 中的所有文件夹形成一种树状结构。

3. 资源管理器

利用资源管理器可方便地实现对系统软件、硬件资源的管理。在资源管理器中同样可以访问控制面板中的各程序项,对有关硬件进行设置等。

资源管理器窗口如图 1-21 所示,左侧是列表区,右侧是"目录栏"窗格。在左侧列表区中,整个计算机的资源被划分为 5 类:收藏夹、库、家庭组、计算机和网络。右侧的目录栏窗格中显示当前文件夹中的子文件夹或目录列表。

图 1-21　资源管理器窗口

4. 文件和文件夹的基本操作

(1) 选定文件或文件夹

① 选择单一文件或文件夹,只需用鼠标单击选定的对象即可。

② 连续对象

单击第一个要选择的对象,然后按住 **Shift** 键不放,用鼠标单击最后一个要选择的对象,即可选择多个连续对象。

③ 非连续对象

单击第一个要选择的对象,然后按住 **Ctrl** 键不放,用鼠标依次单击要选择的对象,即可选择多个非连续对象。

④ 全部对象

可使用 **Ctrl+A** 组合键选择全部文件或文件夹。

(2) 新建

可以在桌面或文件夹中新建文件或文件夹。

在桌面的空白位置上单击右键，在快捷菜单中选择"新建"，出现其下一级菜单，可选择不同的应用程序来创建不同类型的文件。若新建一个文件夹，则选择"新建"→"文件夹"，桌面上会生成一个名为"新建文件夹"的图标。

在打开的任一文件夹中的空白位置上单击右键，将出现相应的快捷菜单，新建文件或文件夹的方法与在桌面上的操作完全相同。

（3）打开

打开文件夹方法主要有：

① 指向文件夹的图标，双击打开。

② 在文件夹的图标上单击右键，在出现的快捷菜单中选择"打开"命令。

打开文件方法主要有：

① 指向文件的图标，双击打开，即可启动创建这个文件的 Windows 应用程序，并打开这个文件。

② 在文件的图标上单击右键，在出现的快捷菜单中选择"打开"命令，同样可以启动创建这个文件的 Windows 应用程序，并打开这个文件。

③ 拖动文档文件的图标，放到与它相关联的应用程序上，也可以启动应用程序并打开文档文件。该方法不太常用。

（4）重命名

选中文件或文件夹，单击右键，在出现的快捷菜单中选择"重命名"命令，此时文件或文件夹图标下的名称进入编辑状态，输入新名称后，按 Enter 键即可。

（5）移动和复制

文件或文件夹的移动方法主要有以下 3 种：

① 使用快捷菜单。指向文件或文件夹图标并单击右键，从快捷菜单中选择"剪切"命令，定位到目的位置，在目的位置的空白处单击右键，从快捷菜单中选择"粘贴"命令，便可以完成文件或文件夹的移动。

在文件夹窗口或资源管理器窗口中，利用"编辑"→"剪切"命令和"编辑"→"粘贴"命令，按照上述方法，同样可以实现项目的移动。

② 使用快捷键。选中文件或文件夹，按 Ctrl+X 组合键进行剪切；到目的位置，按 Ctrl+V 组合键进行粘贴。

③ 鼠标拖动。在桌面上或资源管理器中均可以利用鼠标的拖动操作，完成文件或文件夹的移动。若在同一驱动器内移动文件或文件夹，则直接拖动选中的文件或文件夹图标，到目的文件夹的图标处，松开鼠标键即可；若移动文件或文件夹到另一驱动器的文件夹中，则在拖动过程需按住 Shift 键。

文件与文件夹的复制方法主要有以下 3 种：

① 使用快捷菜单。指向文件或文件夹图标并单击右键，从快捷菜单中选择"复制"命令，定位到目的位置，在目的位置的空白处单击右键，从快捷菜单中选择"粘贴"命令，即可完成文件或文件夹的复制。在文件夹窗口或资源管理器窗口中，利用"编辑"→"复制"命令和"编辑"→"粘贴"命令，按照上述方法，同样可以实现复制功能。

② 使用快捷键。选中文件或文件夹，按 Ctrl+C 组合键进行复制；到目的位置，按 Ctrl+V 组合键进行粘贴。

③ 鼠标拖动。在桌面上或资源管理器中均可以利用鼠标的拖动操作，完成文件或文件夹的复制。若复制文件或文件夹到另一驱动器的文件夹中，则直接拖动选中的文件或文件夹图标，到目的文件夹的图标处，松开鼠标键即可；若复制文件或文件夹到同一驱动器的不同文件夹中，则在拖动过程需按住 Ctrl 键。

（6）删除

从文件或文件夹的快捷菜单中选择"删除"命令，文件或文件夹将被存放到"回收站"中。在"回收站"中再次执行删除操作，才真正将文件或文件夹从计算机的外存中删除。

删除文件或文件夹还可以将它们直接拖放到"回收站"中。如果拖动文件或文件夹到"回收站"的同时按住 Shift 键，将从计算机中直接删除该项目，而不暂存到"回收站"中。

（7）恢复删除

① 在文件夹或资源管理器窗口执行撤销命令。

② 打开回收站，选中准备恢复的项目，从快捷菜单中选择"还原"命令，则恢复到原位。

（8）查看与设置属性

要了解文件夹或文件的有关属性，可以从文件夹或文件的快捷菜单中选择"属性"命令。

"文件属性"对话框中一般有"常规"、"安全"等选项卡，如图 1-22 所示。"常规"选项卡包括文件名、文件类型、打开方式、存放位置、文件大小、创建和修改时间、属性等。文件的属性有 4 种：只读、隐藏、存档、系统。

图 1-22 "文件属性"窗口

只读：文件只可以做读操作，不能对文件进行写操作，即文件的写保护。

隐藏：即隐藏文件，是为了保护某些文件或文件夹。将其设为"隐藏"后，该对象默认情况下将不会显示在所存储的对应位置，即被隐藏起来了。

存档：表示该文件在上次备份前已经修改过了，一些备份软件在备份系统后会把这些文件默认的设为存档属性。存档属性在一般文件管理中意义不大，但是对于频繁的文件批量管理很有帮助。

系统：表示该文件是操作系统的一部分。

（9）查找

Windows 7 的搜索功能强大，搜索的方式主要有两种：一种是用"开始"菜单中的"搜索"文本框进行搜索；另一种是使用"计算机"窗口检索栏的"搜索"文本框进行搜索。

如果感觉搜索的结果太多，那么可以利用筛选器缩小范围，根据"修改日期"和"大小"两项进行筛选，如图1-23所示，可以按照文件大小进行筛选。

图1-23 搜索筛选器

除了用筛选器缩小范围，有时会扩大搜索范围，"模糊搜索"便是这种应用。实现"模糊搜索"一般要通过通配符"*"和"?"。其中，"*"代表任意数量的任意字符，最简单的例子就是搜索所有MP3文件（使用"*.mp3"），"?"则仅代表某一位置上的一个字母（或数字），如"windows?file"可用来查找"windows7file"和"windows8file"。

（10）快捷方式的创建

从文件或文件夹的快捷菜单中选择"创建快捷方式"命令，即可创建文件或文件夹的快捷方式。快捷方式仅仅记录文件所在路径，当路径所指向的文件更名、被删除或更改位置时，快捷方式不可使用。

1.10.2 任务案例：文件和文件夹的基本操作

通过本任务，掌握 Windows 7 文件和文件夹的基本操作。

【案例1-2】 对 WinExam 文件夹的内容进行如下操作。

（1）在 WinExam 文件夹下新建 TEST 文件夹。

（2）在 TEST 文件夹下新建一个名为"物联网应用.docx"的 Word 文件。

（3）在 WinExam 文件夹范围内查找"help.exe"文件，将其移动到 TEST 文件夹下，改名为"帮助.exe"。

（4）在 WinExam 文件夹范围内搜索"setup.exe"应用程序，并在 TEST 文件夹下新建它的快捷方式,名称为"设置"。

(5)在 WinExam 文件夹范围内查找 Exam3 文件夹,将其复制到 TEST 文件夹下。

【操作步骤】

<1> 打开 WinExam 文件夹,单击右键,然后选择"新建"→"文件夹",将文件夹命名为"TEST"。

<2> 打开 TEST 文件夹,单击右键,然后选择"新建"→"新建 Microsoft Word 文档",将 Word 文件命名为"物联网应用.docx"。

<3> 打开 WinExam 文件夹,在右上角搜索框中输入"help.exe",搜索结果如图 1-24 所示。选中搜索到的文件,单击右键,然后选择"剪切";打开 TEST 文件夹,单击右键,然后选择"粘贴";选中"help.exe"文件,单击右键,然后选择"重命名",将文件名改为"帮助.exe"。

图 1-24　文件搜索

<4> 按照第<3>步的搜索方法,在 WinExam 文件夹范围内搜索"setup.exe"应用程序,选中搜索到的文件,如图 1-25 所示,单击右键,然后选择"发送到"→"桌面快捷方式";在桌面上找到创建的快捷方式,单击右键,然后选择"重命名",命名为"设置";单击右键,然后选择"剪切",并粘贴到 TEST 文件夹下。

图 1-25　桌面快捷方式设置

<5> 按照同样方法,在 WinExam 文件夹下搜索 Exam3 文件夹,选中搜索到的文件夹,单击右键并选择"复制",打开 TEST 文件夹,单击右键并选择"粘贴"。

1.10.3 知识拓展：文件夹选项

默认情况下，Windows系统会隐藏已知类型的文件扩展名，以保护文件的类型。若用户需要查看其扩展名，就要进行相关设置，使扩展名显示出来。操作步骤如下：

<1> 在"计算机"窗口的菜单栏，选择"工具"菜单中的"文件夹选项"。

<2> 在弹出的"文件夹选项"对话框（如图1-26所示）中选择"查看"选项卡，在"高级设置"的列表中，取消勾选"隐藏已知文件类型的扩展名"复选框。单击"确定"按钮，即可显示扩展名。

图1-26　"文件夹选项"对话框

任务1.11　计算机新技术

1. 云计算

云计算（Cloud Computing）是一种按使用量付费的模式，提供可用的、便捷的、按需的网络访问，进入可配置的计算资源共享池（资源包括网络、服务器、存储、应用软件、服务）。这些资源能够快速提供，只需投入很少的管理工作，或与服务商进行很少的交互。

云计算是基于互联网的相关服务的增加、使用和交付模式，通常涉及通过互联网来提供动态、易扩展且经常是虚拟化的资源。云是网络、互联网的一种比喻说法。过去在图中往往用云来表示电信网，后来表示互联网和底层基础设施的抽象。因此，云计算甚至可以让用户体验每秒10万亿次的运算能力，可以模拟核爆炸、预测气候变化和市场发展趋势。用户通过计算机、手机等方式接入数据中心，按自己的需求进行运算。

云计算是一种基于互联网的、通过虚拟化方式共享资源的计算模式，存储和计算资源可以按需动态部署、动态优化、动态收回。

云计算的基本原理就是用户端的简单化，仅负责数据输入和读取，而将庞杂的处理工作交给"云"，也就是联网的计算机群和数据中心来处理。云计算是互联网和大规模数据中心不断发展的产物,有可能在未来5~10年内成为影响整个IT行业的关键性技术,因此也被认为是中国在计算机核心领域赶超国际先进水平的契机。

云计算本质上是一种更加灵活、高效、低成本、节能的信息运作的全新方式,是自互联网革命以来IT产业最深刻的变革,也是信息技术长期发展和积累之集大成。借助基于互联网的一系列创新技术,存储、计算、软件、管理、网络、信息等资源以服务的形式实现虚拟化、即时定制、面向领域、灵活的相互组合,直接满足用户的各种现实需求,真正实现IT服务的透明化。

云计算公认最大的挑战之一是安全和隐私问题。云计算是继PC、互联网后信息技术发展的最新趋势。目前,云计算产业总体仍处于起步阶段,技术标准、商业模式等都还有待探索。

互联网上的云计算服务特征和自然界的云、水循环具有一定的相似性,通常云计算服务应该具备以下几条特征:

- 基于虚拟化技术快速部署资源或获得服务。
- 实现动态的、可伸缩的扩展。
- 按需求提供资源,按使用量付费。
- 通过互联网提供,面向海量信息处理。
- 用户可以方便地参与。
- 形态灵活,聚散自如。
- 减少用户终端的处理负担。
- 降低了用户对于IT专业知识的依赖。
- 虚拟资源池为用户提供弹性服务。

2. 物联网

物联网在之前被定义为通过射频识别(RFID)、红外线感应器、全球定位系统、激光扫描器、气体感应器等信息传感设备,按约定的协议把任何物品与互联网连接起来进行信息交换,以实现智能化识别、定位、跟踪、监控和管理的一种网络。简言之,物联网就是"物物相连的互联网"。

物联网(Internet of things)在国际上又称为传感网,这是继计算机、互联网和移动通信网之后的又一次信息产业浪潮。如图1-27所示,世界上的万事万物,小到手表、钥匙,大到汽车、楼房,只要嵌入一个微型感应芯片,把它变得智能化,这个物体就可以"自动开口说话"。再借助无线网络技术,人们就可以与物体"对话",物体与物体之间也能"交流"。

图1-27 物联网

物联网的核心和基础仍然是互联网,是在互联网基础上的延伸和扩展的网络,其用户端延伸和扩展到了任何物品与物品之间,进行信息交换和通信。

物联网的应用其实不仅仅是一个概念而已,已经在很多领域有运用。

(1) ZigBee

ZigBee 技术是一种短距离、低功耗的无线通信技术。这一名称(又称紫蜂协议)来源于蜜蜂的八字舞。蜜蜂(bee)靠飞翔和"嗡嗡"(zig)地抖动翅膀的"舞蹈"来与同伴传递花粉所在方位信息,也就是说,蜜蜂依靠这样的方式构成了群体中的通信网络。其特点是近距离、低复杂度、自组织、低功耗、低数据速率,主要适合自动控制和远程控制领域,可以嵌入各种设备。简而言之,ZigBee 就是一种便宜的、低功耗的近距离无线组网通信技术。

例如,ZigBee 无线路灯照明节能环保技术的应用是济南园博园的一大亮点。园区所有的功能性照明采用了 ZigBee 无线技术达成的无线路灯控制。

(2) 智能交通系统(Intelligent Traffic System,ITS)

智能交通系统是利用现代信息技术为核心,利用先进的通信、计算机、自动控制、传感器技术,实现对交通的实时控制和指挥管理。交通信息采集被认为是 ITS 的关键子系统,是发展 ITS 的基础,成为交通智能化的前提。无论是交通控制还是交通违章管理系统,都涉及交通动态信息的采集,交通动态信息采集也就成为交通智能化的首要任务。

(3) 与门禁系统的结合

一个完整的门禁系统由读卡器、控制器、电锁、出门开关、门磁、电源、处理中心 8 个模块组成,无线物联网门禁将门点的设备简化到了极致:一把电池供电的锁具。除了门上面要开孔装锁,门的四周不需要设备任何辅佐设备。整个系统简洁明了,大幅缩短了施工工期,也能降低后期维护的本钱。无线物联网门禁系统的安全与可靠首要体现在以下两方面:无线数据通信的安全性包管和传输数据的安稳性。

(4) 与云计算的结合

物联网的智能处理依靠先进的信息处理技术,如云计算、模式识别等技术。云计算可以从两方面促进物联网和智慧地球的实现:首先,云计算是实现物联网的核心;其次,云计算促进物联网和互联网的智能融合。

3. 大数据

当下,以互联网、物联网、云计算等信息技术结合而成的"大数据时代"信息浪潮已经来临。大数据作为云计算、物联网之后 IT 行业又一大颠覆性的技术革命,与信息化、智能化、数字化息息相关。

(1) 大数据的内涵和特征

大数据又被称为巨量数据、海量数据、大资料等,指的是无法在可承受的时间范围内用常规软件工具进行捕捉、管理和处理的数据集合,是需要新处理模式才能具有更强的决策力、洞察发现力和流程优化能力的海量、高增长率和多样化的信息资产。这些数据来自方方面面,如信用卡交易记录、手机通话记录、传感器采集的温度信息、网站上的新闻、数字照片和视频等。尽管目前大数据尚无统一定义,但将这些规模大到在获取、存储、管理、分析方面大大超出了传统数据库软件工具能力范围的数据集合被称为"大数据"。

大数据具有如下四个特征:

一是海量的数据规模,在当今的"互联网+"时代,随着移动互联网、物联网、社交网络、云计算、4G 网络的快速发展,网上购物、网络发言、网络信息传输等行为产生了惊人的非结构化的数据量。

二是快速的数据流转。大数据是一种以实时数据处理、实时结果导向为特征的解决方案，数据产生得快，同时数据处理得快。大数据时代最需要的莫过于信息的开放与共享，数据信息可以在不同平台间快速流转。

三是多样的数据类型。随着传感器、智能设备以及社交协作技术的飞速发展，组织中的数据也变得更复杂，因为它不仅包含传统的关系型数据，还包含来自网页、互联网日志文件（包括点击流数据）、搜索索引、社交媒体论坛、电子邮件、文档、主动和被动系统的传感器数据等原始、半结构化和非结构化数据。

四是数据的真实性。数据的重要性在于对决策的支持，数据的规模并不能决定其能否为决策提供帮助，数据的真实性和质量才是获得真知和思路最重要的因素，是制订成功决策最坚实的基础。

（2）大数据的价值和应用

通过互联网，人们越来越多地从数据中观察到人类社会的复杂行为模式。网络为大数据提供了信息汇集、分析的第一手资料。从庞杂的数据背后挖掘、分析用户的行为习惯和喜好，找出更符合用户"口味"的产品和服务，并结合用户需求有针对性地调整和优化自身。大数据技术能够将隐藏于海量数据中的信息和知识挖掘出来，为人类的社会经济活动提供依据，从而提高各个领域的运行效率，大大提高整个社会经济的集约化程度。

大数据对人类经济社会发展影响巨大，在我国，大数据将重点应用于以下三大领域：

一是大数据促进商业智能的加速发展。如图1-28所示，大数据的分析过程和结果更具有灵活性、可靠性和价值性；大数据的存在提高了企业的商业智能意识，引导企业主动寻求商业智能的帮助。一些大型企业往往拥有几十个甚至数百个信息系统，其中的大量数据反映了企业的日常经营情况，将为企业创造巨大的价值。

图1-28　商业智能将数据转变为知识

二是能够推动增强社会管理水平。大数据在政府和公共服务领域的应用，可以有效地提高工作效率，提升政府社会治理能力和公共服务能力，产生巨大社会价值。大数据在社会治安管理、维持社会秩序、形成立体社会管理网络、智能交通管理、能源动态监测、食品安全监管、加强流动人口管理等方面发挥巨大作用，通过数据整合和运用提高管理能力。

三是能够推动提高安全保障能力。通过提高从大型复杂的数字数据集中提取知识和观点的能力，将对搜集到的各类信息进行自动分类、整理、分析，有效解决情报、监视和侦察系统不足等问题，提高国家安全保障能力。美国国防部已经在积极部署大数据行动，利用海量数据挖掘高价值情报，提高快速响应能力，实现决策自动化。

总之，大数据将为人们认识世界和改造世界提供新的强有力工具，使人们能更容易地把握事物规律，更准确地预测未来。

从技术上看，大数据与云计算的关系就像一枚硬币的正反面一样密不可分。大数据必然无法用单台的计算机进行处理，必须采用分布式架构。它的特色在于对海量数据进行分布式数据挖掘，但必须依托云计算的分布式处理、分布式数据库和云存储、虚拟化技术。通过物联网产生、收集海量的数据存储于云平台，再通过大数据分析甚至更高形式的人工智能，为人类的生产活动、生活所需提供更好的服务。

任务 1.12 练一练

1.12.1 Windows 7 的基本操作

1．目的

（1）掌握 Windows 7 的启动和关闭。
（2）掌握窗口和菜单的基本操作。
（3）了解获得帮助的途径。
（4）掌握 Windows 7 附件的使用方法。

2．操作要求

（1）启动 Windows 7 观察桌面的组成，认识应用程序和图标。
（2）开机，进入 Windows 7，打开"我的电脑"窗口，认识窗口的组成。做如下操作：
① 移动窗口。
② 适当调整窗口的大小，使滚动条出现，利用滚动条来改变窗口显示的内容。
③ 使用最大化、最小化、还原、关闭按钮。
（3）打开几个窗口，通过任务栏和快捷键切换当前窗口。
（4）以不同方式排列已打开的窗口（层叠、横向平铺和纵向平铺）。
（5）通过任务栏查看当前日期和时间，如果不正确，请进行修改。
（6）使用"帮助"，查找"关闭计算机"的作用和操作。
（7）使用鼠标将任务栏拖放在桌面的四周。
（8）使用写字板或记事本建立一个名为"样文 1.txt"的文件（内容如下），并将其存放在"我的文档"或 U 盘中，以备后面练习用。

【样文 1】

2015 年的中国互联网发展十大趋势有：一是互联网经济规模将实现跃升，二是产业互联网发展突飞猛进，三是互联网掀起万众创新创业的热潮，四是互联网企业竞逐 O2O 服务市场，五是 BAT 加快投资和收购步伐，六是互联网金融政策将取得突破，七是出现更多的移动智能终端，八是一批互联网法律提上立法议程，九是国家将开展互联网治理行动，十是产业互联网、智能家居等领域安全问题将更加突出。

(9)使用计算器计算 12、6、8、20、24 这 5 个数的平均值；用计算器进行数制的转换。
(10)用画笔工具设计一张生日卡片，并将其设置为桌面墙纸。

1.12.2　Windows 7 的桌面个性化设置

1．目的

（1）了解 Windows 7 桌面的组成。
（2）了解 Windows 7 桌面的新特点。
（3）掌握 Windows 7 桌面个性化设置的基本操作。
（4）掌握 Windows 7 桌面小工具的设置方法。

2．操作要求

（1）启动 Windows 7，观察 Windows 7 桌面的组成和新特点。
（2）打开"个性化"设置窗口，更改当前的 Aero 主题，并对桌面背景、窗口颜色、声音等做个性化设置。
（3）把当前已打开的桌面小工具全部关闭，再添加"时钟"和"日历"小工具到桌面上，并练习如何设置桌面小工具（如移动、前端显示、不透明度等）。

1.12.3　Windows 7 资源管理器和控制面板的使用

1．目的

（1）了解资源管理器的组成。
（2）掌握资源管理器的使用。
（3）掌握文件和文件夹的管理。
（4）了解控制面板的组成。
（5）掌握添加、删除应用程序的方法。

2．操作要求

（1）打开"资源管理器"，熟悉资源管理器的窗口组成和文件、文件夹的概念，理解目录结构的含义。
（2）运行"资源管理器"，在 D 盘的根目录下创建一个新文件夹，并以自己的姓名命名。
（3）将实训 1 中的"练习 1.txt"文件复制到新建的文件夹中。
（4）在桌面上创建"附件"中"画图"程序的快捷方式。
（5）查看新文件夹的属性和已复制的"练习 1.txt"文件属性。
（6）在桌面上建立一个名字为本人学号的文件夹。
（7）自动排列桌面上的图标。
（8）将任务栏设置为"自动隐藏"。
（9）将上个实训中的"练习 1.txt"文件复制到"我的常用资料"文件夹中。
（10）重命名、删除、恢复在桌面上建立的文件夹。
（11）打开"控制面板"，练习鼠标、键盘及输入法程序的设置。

（12）设置显示属性（如屏幕保护程序、桌面墙纸、显示模式等）。
（13）查看系统资源。

习 题 1

1. 简答题

   （1）世界上公认的第一台电子计算机于哪年在哪个国家诞生？
   （2）计算机由哪些主要部件组成？
   （3）评价一个微型计算机系统的主要性能指标有哪些？
   （4）叙述当前计算机的主要应用。
   （5）在插入 U 盘后，计算机并没有任何反应，这时进行检查的步骤是什么？
   （6）计算机的常用输入和输出设备有哪些？
   （7）简述 UNIX、Linux 系统的主要特点，并与 Windows 系统进行简单比较。
   （8）常见的文件类型及其扩展名有哪些？
   （9）简述在 Windows 7 操作系统中添加小工具的操作步骤。
   （10）在 Windows 中如何复制、移动文件和文件夹？
   （11）谈谈你对云计算、物联网和大数据的认识。

2. 上机题

   （1）通过网络进行计算机各部件的市场调查，列出一台 5000 元左右价位的台式计算机或者笔记本的各部件配置清单及详细性能指标。可通过"中关村在线""京东""苏宁易购"0"天猫"来查找，以 Word 文件形式来保存，包含配件名称、品牌、型号、价格、性能指标。

   （2）利用系统自带的计算器，将十进制数 35 分别转换成二进制数、八进制数和十六进制数。

   （3）把当前已打开的桌面小工具全部关闭，再添加"时钟"和"日历"小工具到桌面上。使用 Windows 7 内置的截图工具，截取桌面上的小工具，以"桌面小工具.jpg"为文件名保存到桌面。

第 2 章 文字处理软件的应用
Chapter 2

本章学习目标

⊙ 了解 Word 2013 的工作界面。

⊙ 了解 Word 2013 启动和退出的方法。

⊙ 掌握 Word 2013 文档录入和编辑的方法。

⊙ 掌握 Word 2013 字符格式和段落格式编排的基本方法。

⊙ 掌握 Word 2013 样式设置和分栏设置的基本方法。

⊙ 掌握 Word 2013 表格制作和图文混排的基本方法。

⊙ 掌握 Word 2013 页面设置和打印文档的基本方法。

  Microsoft Word 2013 是当今最流行、功能最强大的文字处理软件之一，适用于制作各种文档，如文件、信函、传真、报纸、简历等，也可以快速制作网页和发送电子邮件等。熟练掌握文字处理应用程序，会给我们的办公和生活带来很大方便。

任务 2.1　认识 Word 2013

2.1.1　知识导读：Word 2013 基础知识

1. Word 2013 的启动和退出

（1）启动 Word 2013

在 Windows 操作系统桌面中，选择"开始"→"所有程序"→"Microsoft Office"→"Microsoft Word 2013"，如图 2-1 所示，即可启动 Word 2013。

无论是在 Windows 的"桌面"还是在"资源管理器"或"我的电脑"中，双击已经存在的 Word 2013 文档的图标，就会启动相应的应用程序，并同时打开该文档。

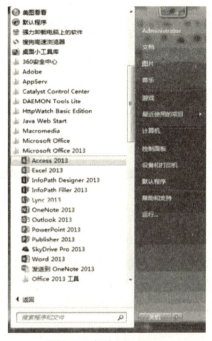

图 2-1　启动 Word 2013

（2）退出 Word 2013

常用的方法如下：

- 打开相应的应用程序"文件"菜单，单击菜单中最下方的"退出"命令。
- 单击应用程序窗口右上角的关闭按钮。
- 双击应用程序窗口左上角的"控制菜单"按钮。
- 按 Alt+F 组合键后，再按 X 键。
- 按 Alt+F4 组合键。

退出应用程序时，若用户对当前 Word 文档曾做过改动，而且没有执行保存操作，系统将弹出"是否将更改保存到……"提示信息，用户可视具体情况选择"保存"、"不保存"或"取消"等操作。

2. Word 2013 窗口

Word 2013 的程序窗口较之前的版本有明显的变化，界面和操作方式也发生了很大变化，不过同样由功能区、编辑区和状态栏等部分构成，如图 2-2 所示。

（1）功能区

Word 2013 以功能区取代了早期版本中的菜单栏和工具栏，单击功能区上的选项卡名称（或标签）可打开对应的选项卡。

每个选项卡包含任务类别相同的命令按钮组，右下角有一个"对话框启动器"按钮 。单击此按钮，可以启动该组所对应的对话框或任务窗格。

单击"功能区最小化"按钮 ，可以隐藏功能区，仅显示选项卡名称。

在组的空白处右击，从快捷菜单中选择"自定义功能区"命令，将打开"Word 选项"对话框的"自定义功能区"选项卡，从中可完成对功能区命令的自定义。

（2）快速访问工具栏

快速访问工具栏默认包含"保存""撤销""恢复"等 Word 命令按钮，可以通过单击快速访问工具栏的"自定义快速访问工具栏"按钮 ，将所需命令按钮添加到快速访问工具栏。

图 2-2 Word 2013 窗口

（3）标尺

标尺分为水平标尺和垂直标尺，可以查看正文的宽度和高度，显示和设置左、右、上、下页边距、段落缩进以及制表位的位置。单击标尺的"显示/隐藏"切换按钮，可切换标尺的显示状态，也可通过在"视图"选项卡的"显示"组中勾选或取消"标尺"选项来显示或隐藏标尺。

（4）文本选定区

文本选定区位于文档窗口内编辑区的左边，鼠标指针移入该区域时，指针指向右上角，单击或拖曳鼠标，可选定编辑区内对应的文本行。

（5）状态栏

状态栏位于 Word 2013 窗口底部，显示当前页号和总页数、文档总字数、拼写和语法检查、所使用的语言等编辑信息。

状态栏右侧为视图快捷方式 ，单击相应按钮，可以在页面视图、阅读版式视图、Web 版式视图、大纲视图和草稿视图中进行切换。

拖动状态栏最右侧的"显示比例"滑块，可以调整文档窗口的显示比例。

右击状态栏，可以打开"自定义状态栏"菜单，自行定义状态栏的显示内容。

（6）Backstage 视图

Backstage 视图是 Microsoft Office 2013 版本的新功能，将 Office 2013 应用程序中与文件管理有关的操作命令集中在后台完成，因此称为 Backstage 视图。在 Backstage 视图中可以完成文档的保存、打开、关闭、打印、共享、设置选项和检查文件中的隐藏元数据或个人信息等任务。

3．Word 2013 **文档的新建、打开和保存**

（1）创建新文档

启动 Word 2013 后，即创建了一个临时文件名为"文档1"的新的 Word 空白文档。还可以用以下方式创建新文档：

- 选择"文件"选项卡→"新建"命令。
- 单击快速工具栏的"新建空白文档"按钮 。
- 使用快捷键 Ctrl+N。

使用第一种方法时会出现"新建文档"任务窗格，用户可以根据需要选择相应的模板来创建一个新文档。使用后两种方法，系统自动建立一个系统默认模板格式的空白文档。

（2）打开 Word 2013 文档

找到计算机上已存在的 Word 2013 文档，双击 Word 文档的图标，可打开该文档。还可以在启动 Word 2013 后，用以下方式打开文档：

- 选择"文件"选项卡→"打开"命令。
- 单击快速工具栏的"打开"按钮 。
- 使用快捷键 Ctrl+O。
- 在"文件"菜单底部选择先前打开过的文档名。

使用前三种方法时，会弹出"打开"文档对话框，指定要打开文档的存放位置，选定要打开的文档名，双击文档名或单击对话框的"打开"按钮，即可打开指定的文档。使用最后一种方法时，系统将直接打开指定的文档。

（3）保存 Word 2013 文档

用以下方式都可以保存当前正在编辑的 Word 文档：

- 选择菜单"文件"→"保存"命令。
- 单击常用工具栏的"保存"按钮 。
- 使用快捷键 Ctrl+S。

如果文档已经保存过，系统自动将文档当前最新内容保存起来。

如果该文档是第一次执行"保存"操作，且没有正式赋予文件名，则弹出"另存为"对话框，如图 2-3 所示，从中可以指定保存位置、文件名和保存类型等信息，然后单击"保存"按钮保存。

图 2-3 "另存为"对话框

Word 2013 默认保存文档的类型为"Word 文档"，扩展名为".docx"。若要保存成其他类型，可以在"保存类型"栏中选择要保存的文档类型。

完成文档的第一次保存操作后，可继续对文档编辑修改。在文字录入或编辑过程中，建议经常执行"保存"命令，减少因系统突发故障造成的损失。不同的是，对已经赋予文件名的文档再执行"保存"操作时，不会再出现"另存为"对话框。

如果想对当前文档重新命名保存，可选择"文件"→"另存为"菜单命令，在弹出的"另存为"对话框中指定新的保存参数。

（4）关闭 Word 2013 文档

用以下几种方式都可以关闭目前已经打开的 Word 文档：
- 选择菜单"文件"→"关闭"命令。
- 使用快捷键 **Ctrl+W**。
- 关闭 Word 2013 窗口。

如果要关闭的文档被修改后没有执行保存操作，会出现一个对话框，询问用户是否保存对文档所做的修改，根据需要选择"是"或"否"即可。

2.1.2 任务案例：建立"我的第一个文档.docx"

【案例 2-1】用 Word 创建一个文档，以文件名"我的第一个文档.docx"保存（文件保存位置为 D:\Word）。

【操作步骤】

<1> 启动 Word，创建新文档。在"开始"菜单中选择"所有程序"→"Microsoft Office"→"Microsoft Word 2013"选项，启动 Word 2013。

<2> 启动后，Word 2013 自动建立一个空白文档。

<3> 保存文档。选择"文件"选项卡的"保存"命令，可将文件名修改为"我的第一个文档"，并选择保存位置为"D:\Word"后进行保存；选择"文件"选项卡的"另存为"命令，可以新文件名或新的位置保存文件副本。新文档第一次执行保存操作时，系统将打开"另存为"对话框。

<4> 关闭文档。在"文件"选项卡中选择"退出"命令，或单击 Word 窗口右上角的"关闭"按钮，退出 Word。

任务 2.2 文档的录入和编辑

2.2.1 知识导读：录入与编辑的方法

1．文档内容输入

用户通过使用鼠标或键盘确定插入点位置，即可直接输入文本，输入文本时自动换行。

每按下 Enter 键一次便插入一个段落标记，文档即可另起一段。段落标记标志一个段落的结束。在段落中按 Shift+Enter 组合键，可强行插入分行符，实现分行不分段。

2．选定文本

完成文本或图形的移动、插入或复制等操作，必须先选定该文本或图形。选定文本常用的方法有以下几种：
- 要选定一个词，双击该词。
- 要选定一段，在段落中三击，或在选定区双击。
- 要选定一行，单击行左侧的选定区。
- 要选定文档的任一部分，可先在要选定的文本的开始处单击，然后拖曳鼠标到要选定文本的结尾处；也可按住 Shift 键，再按住键盘光标控制键选定。
- 要选定整篇文档，三击选定区，或者按 Ctrl+A 组合键。
- 要选定矩形文本块，按住 Alt+鼠标拖曳，或按 Ctrl+Shift+F8 组合键，进入"列"选定方式。
- 按住 Ctrl 键拖曳鼠标，可选择非连续文本。

3．移动复制和粘贴

为了提高文档的编辑和排版速度，经常需要将某部分内容从文档中的一个位置移动或复制到另一位置。在 Word 中，对文本的移动和复制可通过鼠标拖曳或剪贴板来完成。

（1）使用鼠标拖曳移动和复制

文档内容移动或复制的距离较短时，用拖曳的方法相当简便、快速。

鼠标拖曳的方法是：先选定要移动或复制的内容，将鼠标指针移动到选定内容上，此时鼠标指针变成左上斜箭头，单纯拖曳，可移动选定内容到欲插入的新插入点。按 Ctrl 键+拖曳，就可复制内容到欲复制的位置。

（2）使用命令移动和复制

先选定内容，然后单击"开始"选项卡最左侧"剪贴板"组中的"复制"或"剪切"命令，将选定内容送入剪贴板。

Word 2013"剪贴板"组的"粘贴"按钮分为上下两部分。单击上半部分，则直接粘贴剪贴板中已有数据；也可在准备粘贴对象前，单击下半部分粘贴，在下拉列表中可以选择粘贴对象的方式，不同的粘贴内容有不同的粘贴选项。

4．文档导航和查找、替换

（1）文档导航

文档导航是 Word 2013 的新功能，使用文档导航可以很方便地完成在长篇文档中快速定位、重排结构、切换标题等操作。

在"视图"选项卡的"显示"组中勾选"导航窗格"，打开导航窗格。在导航窗格"浏览文档标题"选项卡中显示文档结构图，单击其中一个标题即可实现跳转，并将插入点光标定位到文档对应部分（注：能实现跳转的前提是段落和标题设置为样式）。右击导航窗格中的文档标题，弹出调整文档结构的快捷菜单，如图 2-4 所示，可根据需要进行升级、降级、插入新标题等改变文档结构的操作。

（2）查找和替换

在"开始"选项卡的"编辑"组中单击"查找"按钮或者按 Ctrl+F 组合键，将打开导航窗格，在"搜索文档"文本框中输入要查找的文本后回车，搜索结果将突出显示。

图 2-4　文档导航

在"开始"选项卡的"编辑"组中单击"替换"按钮,打开"查找和替换"对话框,从中可以进行无格式、带格式、特殊字符,以及样式的查找和替换。

2.2.2 任务案例:"求职自荐书"的录入与编辑

【案例2-2】 录入"求职自荐书",以文件名"求职自荐书.docx"保存在 D:\Word 文件夹中。录入后,按照要求操作文档。(1)将光标定位在正文首行"感谢你"后,插入文字"在百忙之中";(2)用插入替换方式将文档中所有"你"替换为"您";(3)选中正文第二段"我真诚地希望能成为贵单位的一员……"整个段落文本,将该段"移动"到"最后,恭祝你的事业蒸蒸日上……"段落之前。

> 求职自荐书
> 尊敬的领导:
> 你好!
> 首先向你致以最诚挚的问候!感谢你阅读我的求职信。
> 我真诚地希望能成为贵单位的一员,请给我一次机会,我会好好珍惜它,并全力以赴,为实现自己的人生价值而奋斗,为贵单位的发展贡献力量。
> 我是XXX校XXX专业XXXX年应届优秀毕业生。十几年的寒窗苦读,铸就了我的学识与自信。大学阶段的学习与成长更加磨炼了我的意志,提高了我的修养!一分耕耘、一分收获!现在我已具备了扎实的专业基础知识,系统地掌握了XXX、XXX等有关理论;熟悉涉外工作常用礼仪;具备较好的英语听、说、读、写、译等能力;能熟练操作计算机办公软件。同时,我利用课余时间广泛地涉猎了大量书籍,不但充实了自己,也培养了自己多方面的技能。更重要的是,严谨的学风和端正的学习态度塑造了我朴实、稳重、创新的性格特点。
> 最后,恭祝你的事业蒸蒸日上,并热切期待你的回复。
> 此致
> 敬礼
> 自荐人:XXX

【操作步骤】

<1> 启动 Word,创建新文档,并保存为"求职自荐书.docx"。

<2> 移动光标,将其定位在正文首行"感谢你"后,用键盘插入文字"在百忙之中"。

<3> 在"开始"选项卡的"编辑"组中单击"替换"命令或按快捷键 Ctrl+H,打开"查找和替换"对话框,在"查找内容"文本框中输入"你",在"替换为"文本框中输入"您",然后单击"确定"按钮。

<4> 拖动鼠标或者三击文本选定区,选中正文第二段"我真诚地希望能成为贵单位的一员……"整个段落文本。

<5> 通过拖动鼠标,将选中的段落移动到"最后,恭祝你的事业蒸蒸日上……"段落之前。或者按快捷键 Ctrl+X 剪切选中的段落,然后在"最后,恭祝你的事业蒸蒸日上……"段落之前按 Ctrl+V 快捷键进行粘贴。

<6> 关闭文档并保存。

2.2.3 知识扩展：插入符号

当需要向文档中输入一些诸如"¥"、"®"、"Σ"、"ξ"等键盘上没有的符号时，就必须使用 Word 2013 提供的插入符号功能。选择"插入"选项卡的"符号"组的"符号"中的符号即可插入文档，如图 2-5 所示；如果当前符号中没有找到需要的符号，可以单击"其他符号…"，打开"符号"对话框，如图 2-6 所示，然后在"符号"选项卡下选择不同的字体和字体子集，或者在"特殊字符"选项卡中找到所需的字符。

图 2-5 "符号"组

图 2-6 "符号"对话框

任务 2.3 字符格式编排

2.3.1 知识导读：字符设置基础

1. 字符格式设置方法

在 Word 2013 中对字符进行格式化，要先选定需设置格式的文字，选定后可通过下述方法完成字符格式设置。

- 在"开始"选项卡的"字体"组中可以完成格式设置，这里的常用格式命令按钮与早期版本中的"格式"工具栏类似，不同的是，在 Word 2013 中可以实时预览所选择的字体效果。单击"清除所有格式"按钮，将清除所有所选文本的格式。
- 单击"字体"组右下角的对话框启动器，打开"字体"对话框，可以从字体、字符间距和文字效果三方面进行字符格式化。

简单的格式设置可以通过选定文字后，将鼠标指针移到被选中文字的右侧位置，将出现一个半透明状态的浮动工具栏，其中包含了常用的设置文字格式的命令，如设置字体、字号、颜色、居中对齐等命令。将鼠标指针移动到浮动工具栏上将使这些命令完全显示，进而可以方便地设置文字格式。

2. Word 2013 新增字符格式

Word 2013 版本大大增强了原有的字符文字效果。许多原本要专业绘图软件才能实现的文字效果，现在可以轻松地通过单击"字体"对话框的"文字效果"按钮，打开"设置文本效果格式"对话框，进行文本填充、文本边框、轮廓样式、阴影、映像。发光和柔化边缘以及三维格式等效果的设置，也可以利用"开始"选项卡"字体"组中的"文本效果"进行实时预览和设置。

2.3.2 任务案例："求职自荐书"的字符设置

【案例2-3】 按以下要求对"求职自荐书"文档的字符进行格式设置，设置完毕以文件名"求职自荐书1.docx"保存在原位置。

（1）设置标题行"求职自荐书"格式为"二号、黑体、加粗，居中，字符缩放150%，字符间距加宽5磅"；

（2）设置正文字体格式为"楷体、四号"；为文档中的文字"具备了扎实的专业基础知识"加"着重号"，"熟悉涉外工作常用礼仪；具备较好的英语听、说、读、写、译等能力；能熟练操作计算机办公软件"加"波浪下划线"。效果如图2-7所示。

图2-7 案例2-3效果

【操作步骤】

<1> 打开 D:\Word 中的"求职自荐书.docx"文件。

<2> 拖动鼠标，选中标题行"求职自荐书"，打开"字体"对话框，设置"中文字体"为"黑体"、"字号"为"二号"。

<3> 选择"高级"选项卡，在"缩放"下拉菜单中选择"150%"。

<4> 在"高级"选项卡的"间距"中选择"加宽"下拉菜单，设置"磅值"为5磅。

<5> 拖动鼠标选中正文文字，打开"字体"对话框，设置"中文字体"为"楷体"、"字号"为"四号"。

<6> 拖动鼠标，选中正文文字"具备了扎实的专业基础知识"，打开"字体"对话框，在"着重号"下拉菜单中选择"•"。

<7> 拖动鼠标，选中正文文字"熟悉涉外工作常用礼仪；具备较好的英语听、说、读、写、译等能力；能熟练操作计算机办公软件"，打开"字体"对话框，在"下划线线型"下拉菜单中选择"～～"。

<8> 选择"文件"菜单的"另存为"命令，将文档另存为"求职自荐书1.docx"，并保存在"D:\Word"文件夹下。

任务 2.4 段落格式编排

2.4.1 知识导读：段落设置基础

段落格式化可以通过套用"样式"完成（关于"样式"的使用见"任务 2.5"），也可以利用"开始"选项卡"段落"组中的常用段落格式按钮。单击"段落"组的对话框启动器，打开"段落"对话框，可以进行更多段落格式设置。

1．缩进和间距

在"段落"对话框的""缩进和间距"选项卡中进行设置，可以调整段落的左、右缩进，段前和段后间距，特殊格式缩进（首行缩进、悬挂缩进），行间距；通过标尺上的控制标记也可以调整段落缩进和左右页边距，如图 2-8 所示。

图 2-8　标尺上的控制标记

2．对齐方式

可以利用"开始"选项卡的"段落"组中的命令，也可以在"段落"对话框的"缩进和间距"选项卡的"对齐方式"下拉列表框，选择段落的左、右、居中、两端、分散等对齐方式进行设置。

3．项目符号和编号

单击"段落"组"项目符号"按钮 的下拉列表，可打开"项目符号库"，从而可自定义项目符号。单击"编号"按钮 的下拉列表，可打开"编号库"，单击"定义新项目符号"命令，可以在弹出的对话框中自定义新的项目符号。在"编号库"中单击"定义新编号格式"命令，可以在弹出的对话框中自定义新的编号格式。

4．边框与底纹

利用"开始"选项卡中的"段落"组"底纹按钮" ，可以给所选文本或段落添加底纹，利用"边框"按钮 可以给所选文本或段落添加所需边框。

还可以利用"设计"选项卡"页面背景"组中的"页面边框"按钮 对文字、段落、表格等对象添加边框和底纹，还可以对整个页面添加边框。

5．首字下沉

首字下沉即段落的第一个字下沉的格式效果。单击"插入"选项卡"文本"组的"首字下沉"命令，然后选择"下沉"选项，在弹出的对话框中可以设置下沉的位置、字体、下沉行数等参数。

2.4.2 任务案例："求职自荐书"和"在你身边"的段落设置

【**案例 2-4**】按以下要求对"求职自荐书 1.docx"文档进行格式设置，设置完毕以文件名"求职自荐书 2.docx"保存在原位置。

（1）将"求职自荐书"居中设置；
（2）将"您好"到"此致"这几个段落设置为"首行缩进 2 字符"；
（3）将文档最后的"自荐人"段落"右对齐"；
（4）为"我真诚"一段添加，首字下沉效果，下沉行数 2 行，首字字体为"楷体"，距正文 0.5 厘米。效果 2-9 如图所示。

图 2-9 案例 2-4 效果

【**操作步骤**】

<1> 打开 D:\Word 中的"求职自荐书 1.docx"文件。

<2> 拖动鼠标，选中"求职自荐书"，打开"段落"对话框，在"常规"的"对齐方式"下拉菜单中选择"居中对齐"。

<3> 拖动鼠标，选中"您好"到"此致"的段落，打开"段落"对话框，在"特殊格式"

下拉菜单中选择"首行缩进",并设置缩进值为"2 字符"。

<4> 拖动鼠标,选中文档最后的"自荐人",打开"段落"对话框,在"常规"的"对齐方式"下拉菜单中选择"右对齐"。

<5> 将光标移动到"我真诚"一段,选择"插入"选项卡,打开"首字下沉"对话框,选择"下沉"选项,并设置下沉行数 2 行,首字字体为"楷体",距正文 0.5 厘米。

<6> 选择"文件"菜单的"另存为"命令,将文档另存为"求职自荐书 2.docx",并保存在"D:\Word"文件夹下。

【案例 2-5】 输入下面文字,以文件名"在你身边.docx"保存在"D:\Word"下。按要求完成文档的设置。

```
在你身边
--上海世博会志愿者之歌
作曲:张亚东    作词:陈少琪

志和愿两个字 都有一颗心
当心和心靠近 城市的脉搏更强劲
人与人加人人 变成了众人
汇聚众人的力量 就能打开时代的大门
世界在你的眼前 梦想用汗水来实现
只要有坚定的信念 未来就能看得见
我们在你的身边 每一次超越了极限
每一个感动的画面 都是壮观的盛典
志和愿两个字 都有一颗心
当心和心靠近 城市的脉搏更强劲
在城市生活 对生活诚实
一起勇敢坚持 让回忆成为骄傲的事
```

(1) 将正文居中,设置正文字体为:仿宋、四号、绿色、着色 6,行距设置成"1.5 倍行距";

(2) 为正文中的歌词每行加项目符号" ",项目符号颜色为红色、二号、黑体;

(3) 给正文段落加上粉红色边框。效果如图 2-10 所示。

【操作步骤】

<1> 在 D:\Word 中新建 Word 文档,命名为"在你身边.docx",录入上面的文字。

<2> 拖动鼠标,选中正文所有文字,打开"字体"对话框,设置为仿宋、四号、绿色、着色 6;打开"段落"对话框,在"常规"的"对齐方式"下拉菜单中选择"居中对齐",在"行距"下拉菜单中选择"1.5 倍行距"。

<3> 拖动鼠标,选中选中正文所有文字,在"开始"选项卡的"段落"组中选择"定义新项目符号",然后选择"符号",在里面找到" ";然后选择"字体"按钮,并设置字体颜色为红色、字号为二号、中文字体为黑体。

<4> 拖动鼠标,选中正文所有文字,选择"边框"下拉菜单中的"边框和底纹"命令,打开"边框和底纹"对话框,然后选择"方框",颜色为粉红,最后应用于"段落"。

<5> 保存文档。

图 2-10 案例 2-5 效果图

2.4.3 知识扩展：文档视图

为了满足不同场合的需要，Word 2013 提供了草稿视图、Web 版式视图、页面视图、大纲视图和阅读版式视图 5 种视图模式。在不同的模式下，可以按不同的方式显示文档，并能利用一些视图的特殊功能对文档进行管理。

1. 草稿视图

选择"视图"→"草稿"命令，即可切换到草稿视图。在草稿视图中可以输入、编辑、排版和设置文本格式，也可以显示文本格式，但简化了页面的布局，不显示页边距、页眉和页脚、页面背景以及非嵌入版式的对象，只适用于编辑一般性的文档。

2. Web 版式视图

单击文档编辑区左下角的"Web 版式视图"按钮，或选择"视图"→"Web 版式"命令，即可切换到 Web 版式视图。Web 版式视图显示了文档在 Web 浏览器中观看时的外观，无论文档有多少内容，都将文档显示为不带分页符的一页长文档，而且其中的文本和表格会随窗口的缩放而自动换行，以适应窗口的大小。

3. 页面视图

单击文档编辑区左下角的"页面视图"按钮，或选择"视图"→"页面视图"命令，即可切换到页面视图，从中可以看到文本、图片和其他对象的实际位置，与打印出来的效果一样。在该视图模式中，可以编辑页眉和页脚、调整页边距、设置分栏以及处理图形对象等。

4. 大纲视图

选择"视图"→"大纲视图"命令，即可切换到大纲视图。大纲视图简化了文本格式的设置，用缩进文档标题的形式表示标题在文档结构中的级别，把编辑重点放在了文档的结构上。在该视图模式中，可以方便地调整和组织文档的大纲结构。

5. 阅读视图

单击文档编辑区左下角的"阅读版式"按钮，或选择"视图"→"阅读视图"命令，即可切换到阅读版式视图。在该视图模式中，文档将以书籍的形式显示文档内容，从而增加了文档的可读性。

任务 2.5　样式设置

2.5.1　知识导读：Word 2013 的样式

样式是系统自带的或由用户自定义的一系列排版格式的总和，包括字体、段落、制表位和边距等。文档中常包含各种标题，如果每排一个标题都执行一次相同的命令，将增加很多机械性的重复操作。样式功能可以简化排版操作，加快排版速度。样式与标题、目录都有着密切的联系。

1. 使用样式

先选中需要设置样式的文本，鼠标悬停于"开始"选项卡的"样式"组快速样式列表框中的某种样式，可实现预览所选样式，单击该样式，可套用到所选内容上。单击快速样式列表框右下角的按钮▼，可以显示全部样式。

2. 新建样式

Word 2013 为用户提供的标准样式，虽然能够满足一般文档格式化的需要，但在实际工作中常会遇到一些特殊格式的文档，这时就需要新建样式。用户可以根据自己的爱好或者工作需要创建段落样式或者字符样式。单击"开始"选项卡的"样式"组右下角的对话框启动器▫，可以打开包含当前文档所有样式的"样式"窗格，单击左下角的"新建样式"按钮，打开"根据格式设置创建新样式"对话框，从中进行新样式的设置。

3. 修改样式

右击快速样式列表框中的某一样式，然后选择快捷菜单中的"修改"命令，打开"修改样式"对话框，单击左下角的"格式"按钮，可以重新为该样式设定具体格式。

2.5.2　任务案例："在你身边"的样式设置

【案例 2-6】按以下要求对"在你身边"进行格式设置，设置完毕，以文件名"在你身边 1.docx"保存在原位置。

（1）设置主标题"在你身边"为"标题 1"样式，居中、蓝色，着色 1；
（2）设置副标题"——上海世博会志愿者之歌"为"标题 2"样式，居中，蓝色，着色 1，橘黄色底纹；
（3）设置词、曲作者行为"标题 5"样式，居中，粉红色。效果如图 2-11 所示。

在你身边

作曲：张亚东　作词：陈少琪

图 2-11　案例 2-5 效果

【操作步骤】

<1> 打开 D:\Word 中的"在你身边.docx"文档，另存为"在你身边 1.docx"。

<2> 拖动鼠标，选中主标题"在你身边"，在"开始"选项卡的"样式"中选择"标题 1"。

<3> 用鼠标选中"标题 1"，单击右键，然后选择"修改"，打开"修改样式"对话框，从中设置"居中、蓝色、着色 1"。

<4> 同样的方法，设置副标题"——上海世博会志愿者之歌"为"标题 2"样式、居中、蓝色，在"修改样式"对话框中选择"格式"按钮中的"边框"选项，打开"底纹"对话框，从中设置橘黄色底纹。

<5> 同样，设置词、曲作者行为"标题 5"样式、居中、粉红色。

<6> 保存文档。

任务 2.6　分栏

2.6.1　知识导读：分栏的方法

分栏是报刊中常用的排版方式，Word 提供的分栏功能非常强大，不仅可以创建最简单的双栏，还可以创建多栏，并且各栏的宽度与栏间距可由用户自定义，允许多种分栏并存在同一页中。创建分栏的具体操作如下：

<1> 选定需要分栏的文本，单击"页面布局"选项卡的"页面设置"组的"分栏"按钮，然后选择"更多分栏"命令，打开"分栏"对话框。

<2> 根据需要进行相应设置。

- 预设：提供了 5 种预设的分栏格式，直接选取一种即可。
- 栏数：设置分栏的数量。

- 宽度和间距：设置栏的宽度以及栏与栏之间的距离。
- 栏宽相等：决定是否排成等分的栏。如果清除该复选项，就可以在"宽度和间距"框的每个栏中输入不同的数值。如果选中该复选项，将会自动计算栏宽。
- 分隔线：确定是否在栏间加分隔线。
- 应用范围：用于指定栏设置的范围。这里一般不需选择，在第一步中已完成。

注意：
- 只有在"页面视图"和"打印预览"中可观察到分栏效果。
- 如果将文本设置在同一栏中，或者不希望让某段文本分排在不同的栏中，首先将插入点定位在要插入分栏的位置处，然后单击"页面布局"选项卡的"页面设置"组的"分隔符"按钮，选择"分栏符"，就可以将该段的内容移到下一栏中。
- 如果对文档最后几段进行分栏，首先应在最后一段末按一下回车键，产生一个空段，然后选中最后几段（不包括空格段），再进行分栏。

2.6.2 任务案例："在你身边"的分栏设置

【案例 2-7】 将"在你身边 1.docx"文档的正文文字左对齐，并分两栏排版，栏宽相同，栏间距为 3 字符，加分隔线，并保存为"在你身边 2.docx"。效果如图 2-12 所示。

图 2-12 案例 2-7 的效果

【操作步骤】

<1> 打开 D:\Word 中的"在你身边 1.docx"文档，另存为"在你身边 2.docx"。

<2> 选中所有正文文字，打开"段落"对话框，在"常规"选项卡中选择"对齐方式"

为左对齐。

<3> 拖动鼠标，选中正文文本，选择"页面布局"选项卡的"页面设置"的"分栏"下拉菜单中的"更多分栏"，打开"分栏"对话框，然后选择"两栏"，间距为"3字符"，并勾选"分隔线"。

<4> 保存文档。

任务 2.7　制作表格

2.7.1　知识导读：表格基础

1．创建表格

通常创建表格的基本步骤是先插入空白表格，然后输入文本或插入图形。单击"插入"选项卡"表格"组的"表格"命令，可以选择如下 4 种方法插入表格。

- 利用如图 2-13(a)所示的模拟表格单元格，可以插入最多 8 行 10 列的表格。
- 单击"插入表格"按钮，打开如图 2-8(b)所示的"插入表格"对话框，从中指定所需表格的行数、列数等，然后单击"确定"按钮。
- 单击"绘制表格"按钮，鼠标光标变成一支笔的形状，此时拖曳，可绘制表格的边框和斜线。
- 单击"快速表格"，打开内置表格库。利用内置表格模板生成有格式的表格。

(a)　　　　　　　　　　　　　　　　　　(b)

图 2-13　插入表格

2．编辑表格

创建表格后，Word 2013 会自动显示"表格工具"动态标签及"设计"和"布局"两个选项卡，如图 2-14 所示，前者侧重于表格的格式，后者侧重于表格的修改。

编辑表格主要通过如图 2-14(b)所示的"表格工具－布局"选项卡完成。

（1）选择单元格、行、列或整个表格

将插入点定位在任意单元格中，表格左上角会出现一个全选按钮⊞，单击此按钮，可以选择整个表格；或者单击"表格工具－布局"选项卡的"表"组中的"选择"按钮，可以分别选择插入点所在单元格、行、列或整个表格。

(a) 表格工具

(b) 表格布局

图 2-14 表格工具和表格布局

（2）删除和插入单元格、行、列

单击"表格工具－布局"选项卡的"行和列"组中的"删除"按钮，可以删除选定的单元格、行、列或整个表格；单击"行和列"组中的"插入"按钮，可以以不同方式插入单元格、行或列。

（3）合并和拆分单元格、表格

单击"表格工具－布局"选项卡的"合并"和"单元格大小"按钮，可以在表格中完成合并/拆分表格或单元格、改变单元格大小。

3．格式化表格

（1）表格样式

单击"表格工具－设计"选项卡的"表格样式"组中的快速表格样式列表，可以快速套用 Word 2013 提供的多种表格格式模板，并在"表格样式选项"组中选择在套用内置样式时采用哪些选项。

单击"表格工具－设计"选项卡的"表格样式"组中的"底纹"和"边框"按钮，打开下拉列表，或单击"边框"按钮打开"边框和底纹"对话框，可以自定义表格的边框和底纹。

（2）设置表格文本格式

设置表格中的文本格式与前面介绍的设置字符和段落格式相同。

（3）设置表格对齐方式

在"表格工具－布局"选项卡的"对齐方式"组中可以进行对齐方式的设置。

2.7.2 任务案例：建立"学生成绩统计表"

【案例 2-8】 新建一个 Word 空白文档"学生成绩统计表.docx"，并按照以下要求操作。

（1）表题为"学生成绩统计表"，文字格式为"黑体、三号、居中对齐"；

（2）插入一个 6 列、9 行的表格，设置表格固定列宽为 1.5 厘米；

（3）设置表格居中，行高 1 厘米；

（4）表头项目名称分别输入"学号、姓名、数学、英语、计算机、总分"，除"总分"外，表格前 5 列分别输入具体的对应内容；

（5）设置表格中的文字和数字格式为"宋体、五号，表头字体加粗"，对齐方式均为"中部对齐"；

（6）用公式计算每个学生的总分；

（7）按"总分"由高到低的顺序对学生成绩表排序；

（8）在表格的最后插入一列，新列的表头项目输入"名次"，并输入排序名次序号1~8，再将表格按"学号"从低到高排序；

（9）为表格第一行表头填充棕黄色底纹。

学生成绩统计表样例如下：

学生成绩统计表

学号	姓名	数学	英语	计算机	总分	名次
01001	赵明	79	98	89	266	4
01002	钱颖	86	96	88	270	2
01003	孙祥	96	85	78	259	5
01004	李东	66	92	72	230	8
01005	周浩	73	87	86	246	6
01006	吴凡	78	69	96	243	7
01007	郑海	86	87	95	268	3
01008	王铁	89	96	89	274	1

【操作步骤】

<1> 在 D:\Word 中新建文档"学生成绩统计表.docx"。

<2> 在空白文档中输入表标题为"学生成绩统计表"，并设置文字格式为"黑体、三号、居中对齐"。

<3> 选择"插入"选项卡的"插入表格"按钮，在弹出的"插入表格"对话框中设置列数为6列、行数为9行，固定列宽的值为1.5厘米。

<4> 选择插入好的表格，单击"表格工具－布局"选项卡的"表"中的"属性"按钮，打开"表格属性"对话框，设置"居中"选项；再设置"单元格大小"中的行高为1厘米。

图 2-15 "公式"对话框

<5> 在表格中输入相应文字。

<6> 选中表格，在"开始"选项卡中设置文字和数字格式为"宋体、五号"；拖到鼠标，选中表头文字设置为加粗，再选择"开始"选项卡的"段落"中的对齐方式为"中部对齐"。

<7> 找到"总分"列对应的单元格，在表格"布局"选项卡中选择"公式"，并在其中输入公式"=SUM(LEFT)"，如图2-15所示，即可求出所需结果。

<8> 选中表格第一行表头，单击右键，然后打开"表格属性"对话框，在"表格"选项中单击"边框和底纹命令"按钮，打开"边框和底纹命令"对话框，在"填充"选项卡中设置填充颜色为棕黄色。

<9> 保存文档。

2.7.3 知识扩展：表格与文字之间的相互转换

Word 提供了文字和表格相互转换的功能。

1. 将表格转换成文字

要将表格中的某几行或整个表格转换成文字，需先选定表格中的行或整个表格，然后选择菜单"表格"→"转换"→"表格转换成文字"命令，弹出"表格转换成文字"对话框，如图 2-16 所示。选定希望转换后的"文字分隔符"后，单击"确定"按钮，即可将表格转换成文本文字。

分隔符是根据需要选用的"段落标记"、"制表符"或"逗号"等字符，其主要作用是将表格转换成文字时，用分隔符标识分隔文字的位置，或者在将文字转换成表格时，用其标识新行或新列的起始位置。如果希望每个单元格中的内容都自成一段，可选用段落标记作为分隔符。

2. 将文字转换成表格

要将文字转换成表格，需先选定要转换的文字段落，选择菜单"表格"→"转换"→"文字转换成表格"命令，弹出"将文字转换成表格"对话框，如图 2-17 所示。指定表格尺寸和文字分隔符等选项后，单击"确定"按钮，即可将文本文字转换成表格。

图 2-16 "表格转换成文字"对话框

图 2-17 "将文字转换成表格"对话框

Word 会将段落标记所在的位置作为行的起点，将制表符、逗号或其他所选标记所在的位置作为列的起点，自动将选定的段落转换成文字。如果希望新表格中只包括一列，可选择段落标记作为分隔符。

任务 2.8 实现图文混排

2.8.1 知识导读：Word 中的各种图形

使用 Word 2013 编辑文档时，为了使文档内容更加生动，产生图文并茂的效果，可以在文档中插入图片、图形等内容，还可以进行格式、效果、美化等设置。

1. 插入并编辑艺术字

艺术字是经过特殊设置的文字，插入艺术字前首先要选择使用的艺术字样式，插入艺术字后，可以对艺术字的填充、效果等内容进行设置。

（1）插入艺术字

单击"插入"选项卡的"文本"组的"艺术字"按钮，在展开的样式库中选择要使用的艺术字样式，然后在文档中可以看到艺术字文本框，将原有文字删除，直接输入需要的艺术文字，再将光标指向文本框的框线处，拖动鼠标，将艺术字移到目标位置。

插入到文档中的艺术字是浮于文字上方的，所以在插入艺术字时，不需确定文字添加的位置，直接选择要使用的艺术字样式，然后编辑艺术字内容即可。

（2）编辑艺术字

为文档添加艺术字，只是对艺术字的样式进行了设置，至于艺术字的轮廓、发光、映像、阴影等效果，用户可以进行自定义编辑。选中艺术字文本框，切换到"绘图工具"的"格式"选项卡，单击"艺术字样式"组和"形状样式"组中的各种按钮，可以对艺术字进行编辑。

2．插入并编辑图片

（1）插入图片

为文档插入图片时，根据图片的位置不同，可以使用不同的方式完成插入，下面来介绍3种插入图片的方法。

① 插入计算机中保存的图片。单价"插入"选项卡的"插图"组中的"图片"按钮，弹出"插入图片"对话框，从中选中目标文件，然后单击"插入"按钮，就可以在文档中插入所需的图片了。

② 插入剪贴画。剪贴画是 Office 软件中自带的图片或图像文件，包括插图、照片、视频、音频，为文档插入剪贴画时，需要先查找合适的剪贴画类型，再插入到文档中。单击"插入"选项卡的"插图"组中的"剪贴画"按钮，弹出"剪贴画"任务窗格，单击"搜索"按钮，然后找到所需的剪贴画。

③ "屏幕截图"功能。"屏幕截图"是 Word 2013 的新功能，可以直接将当前系统锁打开的程序窗口截到文档中，截图时可根据需要截取全屏图像，也可以自定义截取画面范围。

将要截取画面的程序打开后，将光标定位在要插入图片的位置，切换到"插入"选项卡"插图"组的"屏幕截图"，在弹出的下拉列表中单击"屏幕剪辑"选项，迅速将光标移到系统的任务栏中，单击要截图的程序图标，打开截图的程序窗口后，等待几秒，程序的画面就会进入到一种白雾状态，拖动鼠标，选择要截图的范围，将要截取的范围全部选中后释放鼠标。返回文档中，在光标所在位置处就可以看到所截的图。

（2）编辑和调整图片

为文档插入了图片后，Word 2013 会根据图片原有效果，对图片的大小、形状、样式等内容进行默认设置，为了使文档与图片完美地结合，用户也可以对图片格式进行自定义编辑。

① 调整图片大小和位置。调整图片大小，可通过拖动鼠标，或在功能组中直接输入图片大小的数值来完成设置。调整图片位置，可通过"图片工具"的"格式"选项卡"排列"组中的位置按钮，在展开的下拉列表中单击要使用的文字环绕方式。

② 套用图片样式。图片样式包括图片边框、效果等格式，Word 2013 中预设了 28 种图片样式。通过套用图片样式，用户可以快速为图片制作出专业美观的效果。

单击要套用样式的图片，切换到"图片工具"的"格式"选项卡，单击"图片样式"的快翻按钮，在展开的图片样式库中选择所需图片样式。

3. 插入 SmartArt 图

SmartArt 是从 Word 2007 版开始有的强大绘图功能，Word 2013 版对其进一步加强。单击"插入"选项卡的"插图"组中的"SmartArt"按钮，打开如图 2-18 所示的对话框，选择所需图形后，然后单击"确定"按钮。

图 2-18 插入 SmartArt 图形

SmartArt 图形的默认布局方式是"嵌入型"，插入 SmartArt 图形后，会自动显示"SmartArt 工具"动态标签，包括"设计"和"格式"两个选项卡，可利用其中的工具分别调整 SmartArt 图形中每个元素的布局、样式。

单击已插入的包含图形的 SmartArt 图形中的 按钮，打开"插入图片"对话框，选择需要放入 SmartArt 中的图片；插入图片后，会自动显示"图片工具"动态标签，用于细调图片的格式。

单击已插入的 SmartArt 图形左侧的 按钮，打开"在此处键入文字"对话框，依次输入文本。文本格式与普通文档中的文本格式设置方法一样，可利用"开始"选项卡中的"字体"组修改。

4. 插入自选图形

单击"插入"选项卡的"插图"组中的"形状"按钮，打开自选图形列表，选择一个自选图形后鼠标的光标变成十字形，拖曳鼠标可以在文档中插入自选图形。

形状的默认布局方式是"浮于文字上方"。插入形状后会自动显示"绘图工具"动态标签。可以利用"绘图工具 – 格式"选项卡调整自选图形的填充、轮廓、效果等样式，以及大小和排列方式等。

5. 插入文本框

文本框的主要优点是能够将文本定位在页面任意位置，并可实现文档中局部文字的横排或者竖排以及图文混排。

单击"插入"选项卡的"文本"组中的文本框，可以从下拉列表中选取多种内置格式的文本框；单击 按钮，可以绘制横排文字文本框，单击 按钮，可以绘制竖排文字文本框。

2.8.2 任务案例:"在你身边"的图文混排

【案例2-9】 对"在你身边2.docx"文档进行如下设置,以"在你身边3.docx"保存。

(1) 将标题"在你身边"设置为艺术字,艺术字样式自选,删除原标题。在页面底部插入艺术字"城市,让生活更美好"。调整艺术字的格式和大小,达到美观效果。

(2) 在正文底部空白处插入上海世博会吉祥物"海宝"图片。

(3) 设置图片的格式,将图片版式分别设置为"四周型"效果。

(4) 插入竖排文本框,文字为"世界在你眼前",样式为"中文行楷、一号、红色"。

(5) 将文本框再复制一份,文本框中的文本内容改为"我们在你身边"。将两个竖排文本框分别放在页面两侧。

(6) 设置两个"文本框"格式,版式"衬于文字下方",线条颜色"无线条颜色",文本框上、下、左、右内部边距均为"0"。文档的最终效果如图2-19所示。

图2-19 案例2-9 效果

【操作步骤】

<1> 在 D:\Word 中打开"在你身边.docx"文档。

<2> 选择"插入"选项卡的"艺术字"命令,插入一种艺术字样式,并将文字改为"在你身边",删除原标题;用同样的方法,在页面底部插入艺术字"城市,让生活更美好",调整艺术字的格式和大小,达到美观效果。

<3> 选择"插入"选项卡的"图片"命令,找到"海宝"图片并插入。

<4> 选中图片,在"图片工具"的"格式"选项卡中找到"自动换行"命令,选择"四

周型环绕"。

　　<5> 选择"插入"选项卡的"文本框"→"绘制竖排文本框"命令,在绘制好的文本框中输入文字"世界在你眼前",并将文字样式设置为"中文行楷、一号、红色"。

　　<6> 复制刚才插入的文本框,将文本框中的文本内容改为"我们在你身边";拖动两个竖排文本框,放在页面两侧。

　　<7> 选中插入的文本框,选择"格式"选项卡的"自动换行"命令,选择版式"衬于文字下方"。

　　<8> 选中插入的文本框,单击右键并选择"设置形状格式"命令,打开"设置形状格式"面板,如图 2-20 所示,在"线条"中选中"无线条";在"文本框"中设置上、下、左、右内部边距均为"0 厘米",如图 2-21 所示。

图 2-20　设置线条颜色面板

图 2-21　设置文本框边距面板

　　<9> 选择"文件"菜单的"另存为"命令,将文档另存为"在你身边 3.docx"并保存在"D:\Word"文件夹下。

2.8.3　知识扩展:插入数学公式

　　有时需要在文档中插入一些专业的数学公式,Word 2013 提供了完善的数学公式编辑功能,可以输入各种复杂的数学公式。选择"插入"→"对象"菜单命令,弹出"对象"对话框,在"新建"选项卡的"对象类型"列表框中选择"Microsoft 公式 3.0"选项,将弹出如图 2-22 所示的数学"公式"工具栏。

图 2-22　数学"公式"工具栏

　　"公式"工具栏的第一行提供了 150 多个数学符号供用户选择,第二行提供了包含分式、积分、求和和矩阵等样板和框架供用户选择。

Word 的公式编辑器在 Office 默认安装时一般不安装,如果第一次使用时找不到,可利用 Windows 控制面板中的"添加/删除"程序功能,添加公式编辑器。

当需要编辑修改已经存在的数学公式,只要双击要编辑的公式,即可调出"公式"工具栏,利用工具栏的各选项完成已有公式的编辑。

任务 2.9　页面格式设置与打印文档

2.9.1　知识导读:页面设置与打印文档的方法

1. 设置页眉、页脚

在 Word 2013 中,页眉、页脚和页码需要用"插入"选项卡的"页眉和页脚"组的相关命令完成。选择插入页眉、页脚或页码后,会自动显示"页眉和页脚工具 - 设计"选项卡,如图 2-23 所示,同时根据插入内容进入页眉或页脚编辑状态,此时文档内容暗淡显示。页眉和页脚编辑结束后,单击"关闭页眉和页脚"按钮或双击文档编辑区任意空白处,可切换回普通文本编辑状态。

图 2-23　页眉和页脚工具

2. 主题

文档主题是 Word 2013 的新功能,与模板类似,包括主题颜色、主题字体(包括各级标题和正文文本字体)和主题效果(包括线条和填充效果),不同的主题呈现不同的风格。

单击"页面布局"选项卡的"主题"组中的"主题"按钮,可从下拉列表中实时预览和选取内置主题,也可从 Office.com 下载更多主题。

应用的文档主题会影响已经存在文档中使用的样式。

3. 页面设置

页面设置包括设置文字方向、页边距、纸张方向、纸张大小、分栏和分隔符等内容,可以通过"页面布局"选项卡的"页面设置"组的相应命令完成,也可以通过单击"页面设置"组的对话框启动器,在弹出的"页面设置"对话框中进行设置。

4. 页面背景

页面背景包括水印、页面颜色和页面边框三方面的内容,可分别通过"页面布局"选项卡的"页面背景"组的相应命令完成。

5. 打印文档

优化"页面设置"是为了更理想地将文档打印出来。在打印之前,最好先预览打印效果,然后单击"文件"按钮,从弹出的快捷菜单中单击"打印"命令。

2.9.2 任务案例:"求职信自荐书"的页面设置

【案例 2-10】 对"求职信自荐书"进行如下格式设置:

(1)设置页面,纸型为 A4 纸张,上、下、左、右边页边距分别为 3 厘米、2.5 厘米、3 厘米、2.5 厘米;

(2)为文档添加页眉"XXX 校 XX 届毕业生求职自荐书",页眉居中,页眉字体仿宋。效果如图 2-24 所示。

图 2-24 案例 2-10 效果

【操作步骤】

<1> 在 D:\Word 中打开"求职信自荐书.docx"文档,另存为"求职信自荐书.docx"文档。

<2> 选择"页面布局"选项卡,打开"页面设置"对话框,在"纸张"选项卡中选择"纸张大小"为 A4,在"页边距"选项卡中设置上、下、左、右边页边距分别为 3 厘米、2.5 厘米、3 厘米、2.5 厘米。

图 2-25 "字数统计"对话框

<3> 选择"插入"选项卡,在"页面和页脚"中选择"页眉"下拉箭头,然后选择"空白"页眉效果,在页眉中输入文字"XXX校 XX 届毕业生求职自荐书",并设置文字为居中,字体为仿宋。

<4> 保存文档。

2.9.3 知识扩展:统计文档字数

文档的字数统计是 Word 2013 的常用功能之一,可以详细地得到一个 Word 文档的中英文字数和字符数。打开需要统计字数的文档,选中"审阅"选项卡,单击"字数统计"按钮,打开如图 2-25 所示的对话框,从中可以看到文档的字数。

任务 2.10 综合案例

2.10.1 康德海报的实现

1. 完成效果

本案例的目的是制作一份关于德国哲学家康德的人物介绍。为了完成此任务,需要应用样式设置正文和各级标题的字体和段落格式,还需要插入图片和文本框,并设置它们的样式和格式,最终完成效果如图 2-26 所示。

图 2-26 案例完成效果

2. 制作流程

步骤1 设置文档页面布局

操作要求:

纸张方向	横向
页边距	上:0.5厘米;下:0.5厘米;左:1.5厘米;右:8.5厘米
页眉和页脚	页眉距边界:0.8厘米;页脚距边界:0.6厘米

操作过程如下:

<1> 新建一个 Word 文档,并将其命名后保存到自己定义的目录下,单击"页面布局"选项卡"页边距"下拉按钮,然后"自定义边距"。

<2> 打开"页面设置"对话框,在"页边距"选项卡中单击"纸张方向"组的"横向"按钮。

<3> 在"页边距"组,将"上""下""左""右"页边距的数值分别设置为"0.5厘米""0.5厘米""1.5厘米""8.5厘米"。

<4> 单击"版式"选项卡,在"页眉"和"页脚"文本框分别输入"0.8厘米"和"0.6厘米"。

<5> 单击"确定"按钮,完成页面设置。

步骤2 应用样式设置字体和段落格式

操作要求:

标题1样式	字体:二号、黑体、加粗、蓝色,着色1,深色25%
	段落间距:段前及段后间距为1行
	行距:2倍行距
	应用文本:首行的"康德"两个字
标题2样式	字体:四号、黑体、加粗、蓝色,着色1,深色25%
	段落间距:段前及段后间距为0.5行
	行距:单倍行距
	应用文本:"生平""主要思想""知识论""伦理学"和"康德的主要著作"
正文文字样式	字体:11号、宋体、加宽间距,磅值为0.8
	段落间距:段前及段后间距为0.5行
	行距:单倍行距
	应用文本:表格上方除了标题之外的所有文字

操作过程如下:

<1> 按下文输入《康德生平》的文字内容作为本例文字素材。

> 康德生平
> 1724年4月22日康德出生于东普鲁士首府哥尼斯堡的一个马鞍匠家庭;1740年进入哥尼斯堡大学攻读哲学,1745年毕业;从1746年起康德去一个乡间贵族家庭担任家庭教师九年;1755年康德重返哥尼斯堡大学,1786年升任哥尼斯堡大学校长;1797年辞去大学教职;1804年2月12日病逝。
> 主要思想

康德的一生可以以1770年为标志分为前期和后期两个阶段,前期主要研究自然科学,后期则主要研究哲学。前期的主要成果有1755年发表的《自然通史和天体论》,其中提出了太阳系起源的星云假说。在后期从1781年开始的9年里,康德出版了一系列涉及领域广阔、有独创性的伟大著作,给当时的哲学思想带来了一场革命,其探讨的领域包括:

我们如何认识外部世界?

我们应该怎样做?

我们可以抱有什么希望?

通过对以上问题的批判和总结,康德分别探讨了认识论、伦理学以及美学,标志着康德哲学体系的完成。

知识论

康德带来了哲学上的哥白尼式转变。他说,不是事物在影响人,而是人在影响事物。是我们人在构造现实世界,在认识事物的过程中,人比事物本身更重要。我们其实根本不可能认识到事物的本质,只能认识事物的表象。康德的著名论断就是:知性为自然立法。

伦理学

康德告诉我们说:我们要尽我们的义务。但什么叫"尽义务"?为了回答这一问题,康德提出了著名的"(绝对)范畴律令":"要这样做,永远使得你的意志的准则能够同时成为普遍制订法律的原则。"康德认为,人在道德上是自主的,人的行为虽然受客观因果的限制,但人之所以成为人,就在于人有道德上的自由能力,能超越因果,有能力为自己的行为负责。

康德的主要著作

主要著作;出版年份;纯粹理性批判;1781年;自然形而上学导论;1786年;实践理性批判;1788年;判断力批判;1790年

<2> 打开"样式"任务窗格,单击"标题1"样式右侧的下拉箭头,然后选择"修改"。

<3> 打开"修改样式"对话框,将字体设置为"黑体",字号选择"二号",字形选择"加粗",字体颜色选择"蓝色,着色1,深色25%"。

<4> 单击"格式"按钮,选择"段落",出现"段落"对话框,将"段前"和"段后"间距都调整为"1行",行距设置为"2倍行距"。

<5> 单击"确定"按钮,关闭"段落"对话框。

<6> 单击"确定"按钮,完成对"标题1"样式的修改。

<7> 与设置"标题1"的样式方法相同,按照任务要求完成"标题2"样式的设置。

<8> 单击"样式"任务窗格中的"新建样式"按钮。

<9> 在"根据格式创建新样式"对话框的"名称"文本框中输入"正文文字"。

<10> 将新样式的字体设置为"宋体(中文正文)",字号设置为"11"。

<11> 单击"格式"按钮,在菜单中选择"字体"。

<12> 在打开的"字体"对话框的"字符间距"组中,将间距设置为"加宽",在右侧的"磅值"文本框中输入"0.8磅"。

<13> 单击"确定"按钮,关闭"字体"对话框。

<14> 再次单击"格式"按钮,在菜单中选择"段落"。

<15> 打开"段落"对话框,将新建样式的"段前"和"段后"间距分别设置为"0.5行",将"行距"设置为"单倍行距"。

<16> 单击"确定"按钮,关闭"段落"对话框。

<17> 单击"确定"按钮,完成新样式的创建。

<18> 选中文档开头的文本"康德"。

<19> 单击"样式"任务窗格的"标题1"样式,将选中文本设置为"标题1"。

<20> 同时选中文档中所有需要设置为标题2的文本,单击"样式"任务窗格的"标题2"样式,将选中文本设置为"标题2"。

<21> 同时选中文档中标题2"康德的主要著作"以上的所有正文文字,单击"样式"任务窗格的"正文文字"样式,将选中文本设置为"正文文字"。

至此,已经完成了对文档样式的设置。

步骤3 添加项目符号、表格及分栏

操作要求:

项目符号	左侧缩进量为0.74厘米;应用文本见图2-26
表格	列数:2;行数:5;段落格式:段前和段后间距为0 应用文本见图2-26
分栏	分为2栏,栏间距为2字符;应用文本:标题1"康德"后面的正文文本

操作过程如下:

<1> 选定标题"主要思想"下面需要添加项目符号的3行文字。

<2> 单击"开始"选项卡"项目符号"按钮。

<3> 保持项目符号列表为被选中状态,单击"开始"选项卡的"增加缩进量"按钮。

<4> 选定要填入表格的文本(标题"康德的主要著作"以下的一段文字),单击"插入"选项卡的"表格"→"文本转换成表格"。

<5> 在打开的"将文字转换成表格"对话框的"文字分隔位置"组中,选中"其他字符",并在后面的文本中输入";"(注意:此符号需要在英文半角状态下输入)。

<6> 在"列数"文本框中输入"2",此时"行数"文本框中的数值会自动调整为"5"。单击"确定"按钮,将这段文字转换为表格。

<7> 选中表格,并将其中文字的段前和段后的间距都调整为0。

<8> 选中文档中需要分栏的文字(标题1"康德"后面的正文文本,注意不要选中最后的段落标记),单击"页面布局"选项卡的"分栏"→"更多分栏"按钮,在打开的"分栏"对话框中单击"两栏"。

<9> 在"间距"文本框中输入"2字符",单击"确定"按钮,完成分栏设置。

步骤4 添加边框和页脚

操作要求:

边框	自定义下边框,并应用于段落 颜色:蓝色,着色1,深色25%;宽度:2.25磅 应用于标题1"康德"
页脚	内置样式:空白;内容:2015年3月19日

操作过程如下:

<1> 选中文档中的标题1文本"康德",单击"页面布局"选项卡"页面边框"按钮,在打开的边框和底纹对话框中选择"边框"选项卡。

<2> 在"样式"列表框中选择直线型边框,在"颜色"下拉列表框中选择"蓝色,着色1,深色25%",在"宽度"下拉列表框中选择"2.25磅"。

<3> 在"应用于"下拉列表框中选择"段落"。

<4> 在右侧的"预览"区域中,仅保留"下部边框"(可以通过直接单击预览区域或者左侧和下侧按钮来调整)。单击"确定"按钮,会看到在文档标题段落"康德"下面添加了一条横线。

<5> 单击"插入"选项卡的"页脚"→"空白"按钮,此时文档会进入页脚的编辑状态。输入文本"2015年3月19日"(注意:如果在输入的文本下方产生段落标记,请删除)。

<6> 有时在插入页脚后会产生一个新的空白页面,那么可以选中空白页面的首行,将其行距设置为"固定值",数值为"1磅",这个空白页面就会消失。

步骤5 插入图片和文本框

操作要求

图片	图片样式:矩形投影;环绕方式:四周型 绝对水平位置:20.5厘米(相对于页边距);绝对垂直位置:1厘米(相对于页边距) 图片文件:"康德.png"(可自行准备)
文本框	绝对水平位置:20.5厘米(相对于页边距);绝对垂直位置:8厘米(相对于页边距) 高度:9.5厘米;宽度:7厘米;填充颜色:纸莎草纸 字体:标题行加下划线,居中对齐,字号为四号,行距为1.5倍,其余文字字号为五号,行距为1.15倍

操作过程如下:

<1> 单击"插入"选项卡的"图片"按钮,出现"插入图片"对话框,打开图片"康德.png"所在文件夹,然后单击"插入"按钮。

<2> 插入的图片默认处于被选中状态,单击"图片工具-格式"选项卡的"自动换行"下拉按钮,选择"四周型环绕",然后将图片拖动到文档右上部。

<3> 单击"图片工具-格式"选项卡的"图片样式"列表框中的"矩形投影"样式。

<4> 单击"图片工具-格式"选项卡的"位置"下拉按钮,然后"其他布局选项",出现"布局"对话框,在"位置"选项卡中选中"水平"组中的"绝对位置",在"右侧"下拉列表框中选择"页边距"作为度量标准,然后在"绝对位置"文本框中输入"20.5厘米"。

<5> 在"垂直"组中选中"绝对位置",在"下侧"下拉列表框中选择"页边距"作为度量标准,然后在"绝对位置"文本框中输入"1厘米"。单击"确定"按钮,完成对图片精确位置的调整。

<6> 单击"插入"选项卡的"文本框"下拉按钮,然后单击"绘制文本框",在文档右下侧拖动出一个文本框。

<7> 确保该文本框处于被选中状态,在"绘图工具-格式"选项卡的"大小"组的"形状高度"和"形状宽度"文本框中分别输入"9.5厘米"和"7厘米"。

<8> 单击"绘图工具-格式"选项卡的"位置"下拉按钮,然后选择"其他布局选项",出现"布局"对话框,在"位置"选项卡中选中"水平"组中的"绝对位置",在"右侧"下拉列表框中选择"页边距"作为度量标准,然后在"绝对位置"文本框中输入"20.5厘米"。

<9> 在"垂直"组中选中"绝对位置",在"下侧"下拉列表框中选择"页边距"作为度量标准,然后在"绝对位置"文本框中输入"8厘米"。单击"确定"按钮,完成对文本框精确位置的调整。

<10> 将相应的文本内容输入到文本框中,并按照任务要求完成文本框中内容的字体和段落设置。

<11> 单击"绘图工具:格式"选项卡的"形状填充"下拉按钮,然后选择"纹理"→"纸

莎草纸"，完成对文本框的设置。

<12> 单击"文件"选项卡的"保存"按钮，完成整篇文档的保存。

2.10.2 毕业论文的实现

1. 完成效果

本案例的目的是实现毕业论文的综合排版。为了完成此任务，需要应用样式设置正文和各级标题的字体和段落格式，还需要插入页眉、页脚和目录，并设置它们的样式和格式，最终完成效果如图 2-27 和图 2-28 所示。

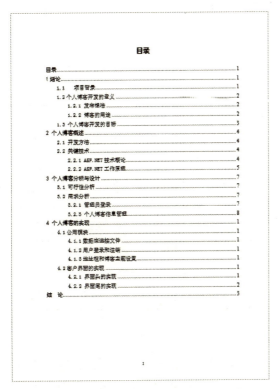

图 2-27　目录效果　　　　　　　　　　图 2-28　正文效果

2. 制作流程

 ➡ ➡ ➡ 步骤4：添加页眉，页脚和页码

步骤1：设置文档页面布局　　步骤2：应用样式设置字体和段落格式　　步骤3：插入分节符，并提取目录　　步骤4：添加页眉，页脚和页码

步骤 1　设置文档页面布局

操作要求：

纸张大小	A4
页边距	上：3 厘米；下：2.5 厘米；左：3 厘米；右：2.5 厘米
页眉和页脚	页眉距边界：1.5 厘米；页脚距边界：1.5 厘米
文档网格	指定每页 36 行，每行 36 字
页眉内容	各章节标题

页脚内容	页码格式"-页码-",居中、五号、宋体。目录和正文需分别单独编页码。目录页码的数字格式用"Ⅰ、Ⅱ、Ⅲ…"的形式。正文页码的数字格式用"1、2、3…"的形式,从"1"开始连续编写到论文最后一页

操作过程如下:

<1> 打开尚未排版的"毕业论文(初稿)"文档,选择"页面布局"选项卡,打开"页面设置"对话框,然后选择"纸张"选项卡,设置"纸张大小"为"A4纸(21×29.7厘米)","应用范围"选应用于"整篇文档"。

<2> 选择"页边距"选项卡,分别指定上、下、左、右页边距为:3厘米、2.5厘米、3厘米、2.5厘米,应用范围选应用于"整篇文档"。

<3> 选择"版式"选项卡,指定页眉页脚距边界为1.5厘米,然后单击"确定"按钮。

<4> 选择"文档网格"选项卡,"网格"选项选择"指定行和字符网格",指定每页36行、每行36字。

<5> 单击"确定"按钮,完成页面设置。

步骤2　应用样式设置字体和段落格式

操作要求

标题1样式	字体:四号、黑体、加粗、黑色;段落间距:段前段后各6磅(0.5行);缩进:居中、不缩进 应用文本:所有章标题
标题2样式	字体:四号、宋体、加粗、黑色;段落间距:段前段后各3磅(0.25行);缩进:不缩进 应用文本:所有节标题
标题3样式	字体:小四、宋体、加粗、黑色;段落间距:段前段后各3磅(0.25行);缩进:不缩进 应用文本:所有小节标题
正文文字样式	字体:小四、宋体;段落间距:段前及段后间距为0行;行距:单倍行距 应用文本:除了标题之外的所有文字
图表样式	图表中汉字、字母、数字为五号、宋体;图注:小四、黑体、加粗,位于图下方居中 表注:小四、黑体、加粗,位于图上方,居中
中(英)文摘要	摘要标题:小三、黑体、加粗,段前段后各12磅 摘要正文:小四、中文摘要用宋体、英文摘要用Times New Roman

操作过程如下:

<1> 自定义标题样式

自定义正文一级标题样式:选中第1章标题段落,单击"格式"工具栏的"格式窗格"按钮,打开"样式和格式"任务窗格;单击"新样式"按钮,修改样式"名称"为"毕业论文标题1","样式基于"和"后续段落样式"均选"正文",单击"格式"按钮,分别定义字体格式为"小三、黑体、加粗",定义段落格式为段前段后各"6磅(0.5行)",对其方式"居中",首行缩进选"无",完成后单击"确定"按钮。

同理,按要求分别定义"毕业论文标题2""毕业论文标题3"等其他各级标题样式。

<2>应用样式

应用一级自定义标题:光标定位在正文的第1章标题段落,在"样式和格式"任务窗格上选择自定义的"毕业论文标题1",即可将自定义的"毕业论文标题1"应用到正文的第1章标题上。

同理,把光标分别定位在正文的第2章、第3章等各章标题,以及致谢、参考文献标题所在的段落,分别将自定义的"毕业论文标题1"应用到相应段落上。

当然,也可以先选中已经应用了样式的第1章标题,双击格式刷,使用格式刷依次应用格式到后续各章同级别的标题上。

其他各级自定义标题的应用方法同上。参照上述方法，将自定义的标题样式"毕业论文标题2"、"毕业论文标题3"等，分别应用到论文的二级、三级等标题上。

步骤3　插入分节符，并提取目录

操作要求：

分节符	每章另起一页
目录	自动生成目录，目录要求包含三级目录；目录标题：小三、黑体、加粗，段前段后各12磅

操作过程如下：

<1> 插入分节符。分别在封面、中文摘要、英文摘要、正文各章、致谢等部分之后插入分节符。方法是：定位插入点到各部分最后或下一部分的标题文字前，选择"插入"→"分隔符"命令，在弹出的"分隔符"对话框中选择"分节符类型"下的"下一页"，然后单击"确定"按钮。

<2> 提取目录。将光标定位到第1章的标题前或摘要页面的最后，插入分节符"下一页"，在新页上第一行先输入"目录"，并设置目录标题格式。

选择"插入"→"引用"→"索引和目录"命令，弹出"索引和目录"对话框，选择"目录"选项卡，按要求设置后，单击"确定"按钮，即可插入自动生成的目录。

<3> 设置目录样式。选中目录，设置目录样式为小三、黑体、加粗，段前、段后各12磅。

步骤4　添加页眉，页脚和页码

操作要求：

页眉	每章以章标题作为本章页眉；页眉样式：居中、5号宋体
页码	页码格式：目录和正文需分别单独编页码，目录页码的数字格式用"Ⅰ、Ⅱ、Ⅲ…"的形式。正文页码的数字格式用"1、2、3…"的形式，从"1"开始连续编写到论文最后一页。 页码样式：居中、5号、宋体

操作过程如下：

<1> 插入页眉

因为要求页眉从摘要页开始到论文最后一页，所以光标定位到中文摘要页面，选择"插入"→"页眉页脚"命令，进入页眉编辑状态。先单击"页眉和页脚"选项卡的"链接到前一个"按钮，使其处于"弹起"状态，再依次输入每章标题，按要求设置好字体字号、居中；单击"页眉和页脚"工具栏上的"关闭"按钮即可。

有一点遗憾的是，页眉文字的下面有一条长横线，无法选中，也无法删除。如果要删除它，需在页眉编辑状态下，选择"格式"→"边框和底纹"命令，在"边框"选项卡中的"设置"选择"无"，"应用于"下拉菜单中的应用范围选择"段落"，单击"确定"按钮，即可去除这条横线。

<2> 插入页码。因为要求目录和正文分别设置页码，因此需要分两次插入页码。

① 插入目录页码。先将光标定位到目录第一页，选择"插入"→"页眉页脚"命令，进入页眉编辑状态，单击"页眉和页脚"工具栏的"在页眉和页脚间切换"按钮，切换到页脚编辑状态。先单击"页眉和页脚"工具栏的"链接到前一个"按钮，使其处于"弹起"状态。再单击工具栏上的"设置页码格式"按钮，弹出"页码格式"对话框。"数字格式"选择"Ⅰ Ⅱ Ⅲ…"，"页码编排"选择"起始页码"，然后单击"确定"按钮。

② 插入正文页码。先将光标定位到正文第一页，双击页脚处，进入页脚编辑状态。先单击"页眉和页脚"工具栏的"链接到前一个"按钮，使其处于"弹起"状态；再把"页码格

式"中的"数字格式"改为"1 2 3…","起始页码"设定为"1","关闭"工具栏,正文页码插入完成。

按要求设置封面字体字号,摘要关键词字体字号等,设置完成后预览设置后的整体效果。

任务 2.11　练一练:"河南工学院简介"文档排版

1. 目的

(1)掌握字符、段落格式的设置方法。
(2)掌握分栏与首字下沉的设置方法。
(3)掌握图文混排的基本操作方法。
(4)掌握项目符号、边框和底纹、页眉与页脚的设置方法。
(5)掌握页面设置和打印设置的基本方法。

2. 操作要求

<1> 设置文档页面布局

纸张方向	纵向
纸张大小	A4
页边距	上:2.5厘米;下:2.5厘米;左:2.5厘米;右:2.5厘米
页眉和页脚	页眉距边界:1.5厘米;页脚距边界:1.5厘米

<2> 设置字体和段落格式

输入文字	文字内容参见图2-29
标题样式	字体:二号、黑体、加粗、蓝色,强调文字颜色1 段落间距:段前及段后间距为0.5行;行距:1.5倍行距 应用文本:首行的"河南工学院简介"
正文文字样式	字体:五号、宋体;行距:单倍行距;特殊格式:首行缩进2字符 应用文本:除了标题之外的所有文字

<3> 设置首字下沉和分栏

设置首字下沉	样式:下沉;字体:黑体;下沉行数:3行;位置:距正文0.5厘米 应用文本:第二自然段
设置分栏	分为2栏,栏间距为2字符 应用文本:第三自然段

<4> 插入图片和文本框

插入图片	图片样式:柔化边缘矩形;环绕方式:四周型;位置和大小:见图2-29 图片文件:自行准备
插入文本框	位置和大小:见图2-29;填充颜色:水滴;字体:字号为五号,字形为加粗,行距为单倍行距 内容:见图2-29

<5> 添加边框、项目符号和页脚

添加边框	自定义下边框,并应用于段落;颜色:橙色;宽度:3磅 应用于标题"河南工学院简介"
添加项目符号	应用文本:见图2-29
添加页眉	内置样式:空白;内容:"河南工学院"

<6> 保存文档

| 保存文档 | 保存文档名：学号+姓名；保存位置：自定义 |

河南工学院简介

河南工学院始建于1975年，是省属全日制普通本科高校。学校位于郑洛新国家自主创新示范区、中原城市群核心区重要城市、豫北工业名城——新乡市。

校全日制在校生17000余名，占地面积1127亩，校舍建筑面积50多万平方米，馆藏适用纸质图书156万余册，电子图书20余万册；教学科研仪器设备总值2.2亿余元，拥有国家级、省级示范性实训基地、职业技能鉴定所11个，省级工程技术中心6个。优美的校园环境和雄厚的实验实训条件为学生的成长成才搭建了良好的平台。

本着"对接产业、突出重点、打造特色、形成品牌"的学科建设思路，紧密对接产业转型升级需要，建设特色优势学科，形成了以工学为主，工学、管理学、经济学、文学、艺术学五大学科门类协调发展的学科布局。现有63个本、专科专业，省部级以上特色（示范、名牌等）专业23个。

学校大力实施人才强校战略，加大"内培外引"力度，不断优化师资队伍结构。现有专任教师800余人，具有博士、硕士学位专任教师600余人，具有高级职称专任教师300余人。享受国务院、省政府特殊津贴专家、省优秀专家、全国优秀教师、国家级、省级教学名师、厅级以上学术技术带头人、省高校青年骨干教师75人。

学校深化教育教学改革，持续创新人才培养模式，建立了完善的教学质量保证体系，形成了"全过程、多平台、多形式"的实践教学体系。

教育教学研究成果丰硕，获得国家级教学成果奖1项，省级教学成果奖18项，省级教学团队2个。学校注重学生的创新精神、创业意识和创新创业能力培养，把创新创业教育与专业教育紧密

结合，强化学生动手、动脑能力的训练，学校荣获"全国高校实践育人创新创业基地"。近5年来，学生在全国各种技能竞赛中荣获国家级奖项500余人次。据统计，在毕业5年以上的学生中，在企业的技术研发、质量检验、管理等重要岗位上工作的达91.4%；全校32个工科专业毕业5年以上的学生拥有专利4000多项。

学校高度重视科研工作，积极搭建科研平台，学术研究氛围浓厚，科研创新能力和科技成果水平不断提高，科研项目数量和质量逐年提升，科研经费稳步增长，产学研合作成效明显。学校与新乡市联建的新乡市机电装备科技协同创新创业中心，大力开展协同创新、开放创新、自主创新，努力培养创新性人才，河南省4大班子领导亲临中心考察。

- ➢ "厚德、精技、求实、创新"
- ➢ "开拓进取、自强不息"
- ➢ "开放办学、提升内涵、强化特色、彰显品牌"

图2-29 完成效果

习 题 2

1. 简答题

（1）Word 2013文档有哪几种视图方式？如何切换？

（2）Word 2013中选定文本常用的方法有几种？（至少写出5种）

2. 上机题

（1）有下面一段题目为"抉择"的文本，请按以下要求对Word文档进行编辑和排版。

抉择

人的一生常处于抉择之中，如：念哪一间大学？选哪一种职业？……等等伤脑筋的事情。一个人抉择力的有无，可以显示其人格成熟与否。

倒是哪些胸无主见的人，不受抉择之苦。因为逢到需要决定的时候，他总是求询别人说："嘿，你看怎么做？"

大凡能够成大功业的人，都是抉择力甚强的人。他知道事之成败，全在乎己，没有人可以代劳，更没有人能代你决定。

在抉择的哪一刻，成败实已露出端倪。

① 设置该段文本的标题为二号、黑体、加粗、居中显示。
② 设置正文的行间距为"单倍行距"。
③ 设置正文字体为"宋体"，字号为"小四"。
④ 设置纸张的大小为B5，上、下、左、右的页边距均为2厘米。
⑤ 排好版的文档以"抉择"命名并保存在自定义目录下。

第 3 章 电子表格软件的应用
Chapter 3

本章学习目标

⊙ 了解 Excel 2013 的工作界面。

⊙ 了解 Excel 2013 启动和退出的方法。

⊙ 掌握 Excel 2013 数据录入和编辑的方法。

⊙ 掌握 Excel 2013 工作表格式化的基本方法。

⊙ 掌握 Excel 2013 公式和函数应用的基本方法。

⊙ 掌握 Excel 2013 图表分析的基本方法。

⊙ 掌握 Excel 2013 数据管理的基本方法。

　　Excel 2013 是一款实用方便、功能强大的数据处理软件,除了能完成各种一般性的表格处理、数据排序外,还能够实现数据分析、数据统计、全面的公式计算、图表化数据、数据库管理等复杂功能。

任务 3.1 数据的输入和编辑

3.1.1 知识导读：数据输入和单元操作

1. 工作簿的基本操作

启动 Excel 后，系统会自动新建一个名为"工作簿 1"的空白工作簿。工作簿是计算和存储数据的文档文件，每个工作簿都可以包含多张工作表。

2. 工作表的基本操作

工作表是构成工作簿的主要元素，默认情况下，工作簿中包含一张工作表，其默认名为 Sheet1，工作表标签最右边的是"新工作表"按钮 ⊕。上浮且呈绿色显示的标签为当前工作表的标签，对应的工作簿窗口显示的是该工作表的数据内容。

- 插入工作表：单击工作表标签区中"新工作表"按钮 ⊕，这样在当前选中的工作表后插入了一张空白的工作表。
- 删除工作表：右击要删除的工作表标签，从快捷菜单中选择"删除"命令，可删除当前工作表。
- 更名工作表：右击要更名的工作表标签，从快捷菜单中选择"重命名"命令，可更改当前工作表的表名。

3. 输入工作表数据

（1）数据的直接输入

Excel 把数据分为数值型、文本型和日期型等数据类型。数值型数据通常是指数字或者由公式计算而得到的结果，文本型数据通常是指汉字、字母、符号、数字字符等。在 Excel 中也可以插入图形、图像、Web 超链接等其他类型的数据。

在单元格中输入数据的方法为：单击要输入数据的单元格，然后在编辑栏中输入或直接在选定的单元格中输入数据，输入的内容显示在单元格中，同时出现在编辑栏中；输入结束后按回车键或单击编辑框中的 ✔ 按钮，表示确定输入，按 Esc 键或单击编辑框中的 ✘ 按钮，表示取消输入。

（2）使用自动填充柄输入

自动填充帮助用户输入有规律的数据，有规律的数据是指等差数列、等比数列、系统预定义的数据填充列以及用户自定义的新序列。自动填充是根据初始值决定后面的填充项。利用自动填充功能输入数据可以大大减少数据的输入量，主要通过"填充柄"来完成。填充柄是将鼠标移动到任一选中的单元格或区域的右下角，鼠标会由一个粗的空心十字变成一个黑色实心十字。使用自动填充柄输入序列数据的步骤如下：

<1> 选定待填充数据区的起始单元格，输入序列数据的初始值。如果让序列数据按给定的步长增长，则再选定下一单元格，在其中输入序列数据的第二个数值。这两个单元格中数值的差额将决定该序列数据的步长。

<2> 选定包含起始值的区域，用鼠标拖动填充柄经过待填充区域。如果要升序排列，则从上向下或从左到右填充。如果要按降序排列，则从下向上或从右到左填充。

4. 编辑单元格数据

对单元格数据的编辑主要包括移动、复制、插入、删除等操作,既可以对单元格进行,也可以对行和列进行。

(1)插入和删除单元格

① 插入单元格、行和列

选中单元格,右击,在弹出的快捷菜单中选择"插入"命令,弹出"插入"对话框,通过其中的设置来完成当前单元格的左边还是上边插入新的单元格,或是在该单元格的左边插入一空白列还是在该单元格上边插入一空白行。

② 删除单元格、行和列

选中单元格并右击,在弹出的快捷菜单中选择"删除"命令,弹出"删除"对话框,从中完成单元格、行、列的删除操作。

(2)移动、复制及选择性的粘贴

可以采用鼠标拖曳或选用命令的方法进行移动和复制单元格中的信息,与 Word 中文本的移动和复制相类似,这里不再介绍。如果只复制单元格中部分属性,就需要使用"选择性粘贴"命令来完成。首先选定单元格区域并右击,在弹出的快捷菜单中选择"复制"命令,然后在粘贴的位置右击,在弹出的快捷菜单中选择"粘贴选项"或"选择性粘贴"命令进行相应的设置即可。

3.1.2 任务案例:制作"工资表"表格

【案例 3-1】用 Excel 创建某公司职工的工资表,如图 3-1 所示,以文件名"工资表.xlsx"保存。

	A	B	C	D	E	F	G
1	编号	姓名	性别	职称	工龄	基本工资	奖金
2	580001	李晓丽	女	高级工程师	30	7286	3000
3	580002	赵建勇	男	高级工程师	25	6937	3000
4	580003	林强苏	男	高级工程师	21	6558	3000
5	580004	王洪海	男	工程师	12	4930	2000
6	580005	陈向阳	男	工程师	20	5665	2000
7	580006	张建军	男	助理工程师	8	3980	1000
8	580007	刘璐璐	女	助理工程师	6	3658	1000

图 3-1 工资表

【操作步骤】

<1> 启动 Excel,新建一个工作簿。

<2> 在工作簿第一个工作表中录入数据,并更改当前工作表的表名为"工资表"。

先输入表格的列标题:逐个单击要输入数据的单元格,输入相应的列标题。

在单元格 A2、A3 中输入数字 580001、580002,选择单元格 A2、A3,将鼠标指针移动到选中区域的右下角的填充柄(黑色小方块)上,鼠标会变成一个黑色的十字形状,按住鼠标左键同时向下拖动到 A8,即可完成编号的快速输入。

逐个单击要输入数据的单元格,输入表中其余内容。

双击工作表 Sheet1 的标签，将其重命名为"工资表"。

<3> 以文件名"工资表.xlsx"保存文档。选择"文件"选项卡的"保存"命令，选择保存位置后，以文件名"工资表.xlsx"保存文档。

<4> 关闭文档。在"文件"选项卡中选择"退出"命令，或单击 Excel 窗口右上角的"关闭"按钮，退出 Excel。

3.1.3　知识拓展：数据保护和加密

在制作表格时，可能不希望其他人员修改自己的工作簿，这时可以使用 Excel 的保护工作表、保护工作簿等功能，将工作表或工作簿保护起来。

1．工作表的保护

图 3-2　"保护工作表"对话框

<1> 打开一个要保护的工作表，切换至"审阅"选项卡，单击"更改"组中的"保护工作表"按钮，打开"保护工作表"对话框，如图 3-2 所示。

<2> 选中"保护工作表及锁定的单元格内容"复选框，然后在"取消工作表保护时使用的密码"文本框中输入密码；选中"允许此工作表的所有用户进行"列表中的"选定锁定单元格"和"选定未锁定的单元格"复选框。

<3> 设置完毕单击"确定"按钮，弹出"确认密码"对话框，在"重新输入密码"文本框中输入刚设置的密码，然后单击"确定"按钮。

<4> 当用户需要编辑该工作表时，会弹出输入密码的提示对话框，单击"确定"按钮，关闭该对话框。

<5> 单击"审阅"选项卡的"更改"组中的"撤销工作表保护"按钮，弹出"撤销工作表保护"对话框，在"密码"文本框中输入密码，单击"确定"按钮，即可编辑该工作表。

2．工作簿的保护

<1> 在"审阅"选项卡的"更改"组中单击"保护工作簿"按钮，打开"保护结构和窗口"对话框，如图 3-3 所示。

<2> 根据需要，选中"结构"或"窗口"复选框，若要保护工作簿的结构，选中"结构"复选框；若要使工作簿窗口在每次打开工作簿时大小和位置都相同，选中"窗口"复选框。如选中"结构"复选框，工作簿中的工作表将不能进行工作表的移动、添加、删除、隐藏、取消隐藏或重命名等操作；若要选中"窗口"复选框，当前工作簿的窗口按钮不再显示，禁止新建、放大、缩小、移动或分拆工作簿窗口，"全部重排"命令也对此工作簿不再有效。

图 3-3　"保护结构和窗口"对话框

Excel 工作簿的"保护结构和窗口"对话框中，这两个复选框是可以同时选中的。

3. 加密工作簿

如果希望限定必须使用密码才能打开工作簿时，可以在工作簿打开时进行设置。

在"文件"选项卡中选择"信息"选项，然后在右侧窗口中单击"保护工作簿"，在下拉列表中选择"用密码进行加密"选项，将弹出"加密文档"对话框。输入密码，单击"确定"按钮后，Excel 会要求再次输入密码进行确认。确认密码后，此工作簿下次被打开时将提示输入密码，如果不能输入正确的密码，Excel 将无法打开此工作簿。

如果要解除工作簿的打开密码，可以按上述步骤再次打开"加密文档"对话框，删除现有密码即可。

4. 数字签名

Excel 允许向工作簿文件中加入可见的签名标志后再签署数字签名，也可以签署一份不可见的数字签名，无论是哪一种数字签名，如果在数字签名添加完成后对文件进行编辑修改，签名都将自动被删除。

在"文件"选项卡中选择"信息"选项，然后在右侧窗口中单击"保护工作簿"，在下拉列表中选择"添加数字签名"选项，并按步骤完成操作即可。

5. 隐藏工作簿和工作表

为了避免由于用户的误操作导致数据损失，可以对一些保存有重要数据的工作簿和工作表进行隐藏。

在"视图"选项卡的"窗口"组中单击"隐藏"按钮，可使当前打开的工作簿不可见。需要恢复时，可单击"取消隐藏"按钮。

右击希望隐藏的工作表，在弹出的快捷菜单中选择"隐藏"命令，可使当前工作表不可见，需要恢复时，可选择快捷菜单中的"取消隐藏"命令。

任务 3.2　格式化工作表

3.2.1　知识导读：表格的格式设置

Excel 提供了丰富的格式化命令，如设置单元格格式、数字格式、改变列宽和行高、添加边框和底纹、使用自动格式和样式等。

1. 单元格格式设置

（1）字体

在"开始"选项卡的"字体"组中，可以直接使用其中的按钮对选择单元格或区域进行字体、字号、加粗、倾斜、下划线、字体颜色、边框线、填充颜色等设置。

单击"字体"中的对话框启动器，弹出"设置单元格格式"对话框，在"字体"选项卡中可以进行字体设置。

（2）对齐方式

在默认状态下，单元格中字符型数据是左对齐，数值型数据是右对齐。在"开始"选项卡的"对齐方式"组中，可对单元格中的数据进行顶端对齐、垂直居中、底端对齐、文本左对齐、居中、文本右对齐、更改文本方向、自动换行、合并后居中等设置。其中，"合并后居中"下拉列表中有合并后居中、跨越合并、合并单元格、取消单元格合并命令。通过"对齐方式"组中的对话框启动器 ，弹出"设置单元格格式"对话框，在"对齐"选项卡中也可以进行对齐方式的设置。

（3）数字

在"开始"选项卡的"数字"组中，可以直接设置数字格式，如会计数字格式、百分比样式、增加、减小小数位等。其中，"数字格式"下拉列表中的"其他数字格式"命令有更加详细的数字格式设置。

单击"数字"组中的对话框启动器 ，弹出"设置单元格格式"对话框，在"数字"选项卡中也可以进行数字格式的设置。

2．调整列宽、行高和隐藏列、行

（1）列宽、行高和隐藏列、行

单元格有默认的列宽，而其行高会自动配合字体的大小来调整。

① 改变列宽：选中某列，选择"开始"选项卡的"单元格"组的"格式"下拉列表中的"自动调整列宽"命令，或者将鼠标停在该列的右边分隔线，当出现双向箭头时双击，都能自动调整列宽。手动调整列宽的方法是：拖动该列的右边分隔线，到合适为止，或是选中该列，在快捷菜单中选择"列宽"命令，输入精确的数值来调整列宽。

② 改变行高：操作方法与改变列宽的方法相似，不再赘述。

（2）隐藏、取消隐藏列或行

① 设置隐藏：将鼠标移动到某列标的右分隔线上，从右往左拖动此分隔线，拖动时列宽显示在该列的右上方，当拖动列宽为 0 时，就隐藏了该列的数据。对行数据的隐藏也可以使用相似的方法。或者选中某行或某列后并右击，在快捷菜单中选择"隐藏"命令；还可以在"开始"选项卡的"单元格"组的"格式"下拉列表中选择"隐藏和取消隐藏"→"隐藏行"或"隐藏列"子命令。

② 取消隐藏：将鼠标指针指向隐藏列标或隐藏行的行号，当指针成为双线箭头时，从左至右拖曳出被隐藏的列或从上到下拖曳出被隐藏的行，或当指针成为双箭头时就双击，也可以取消隐藏。或者选中包含隐藏列左右列或隐藏行的上下行并右击，在快捷菜单中选择"取消隐藏"命令。

3．自动套用表格格式

Excel 提供了许多与定义的格式，从表格的标题到普通的单元格都可以套用表格格式。如果用户对于定义的表格格式不满意，可以创建并应用自定义的表格格式。表格套用格式时，可以先选定区域后再套用，也可以先使用套用命令，再选区域。操作步骤如下：打开已有的 Excel 文件，单击"开始"选项卡的"样式"组中的"套用表格格式"按钮，在弹出的下拉列表中列出了多种表格格式效果，选择其中的选项后，弹出"套用表格格式"对话框；选中要套用表格格式的单元格区域，最后返回工作表。此时选中的单元格区域就会套用用户选中的表格格式，同时文档窗口上方的功能区自动切换到"表格工具－设计"选项卡，如图 3-4 所示。套用表格格式后，在列标题的右侧会出现一个下三角按钮，单击此按钮，会弹出一个下拉列表，可以对数据信息进行排序和筛选等设置。

图 3-4 套用表格格式后的界面

应用表格格式后,用户还可以使用系统提供的"页面布局"选项卡的"主题"组中的选项继续美化表格。系统提供的主题样式主要包括字体、颜色、效果等。

4．应用条件格式

条件格式主要包括 5 种默认的规则：突出显示单元格规则、项目选取规则、数据条、色阶和图标集,用户可以根据自己的需要为单元格添加不同的条件格式。

突出显示单元格规则：对规定区域的数据进行特定的格式设置。比如,在学生成绩表中,要突出显示小于 60 分的分数为红色。操作步骤如下：

<1> 选中要突出显示特定格式的单元格区域,选择"开始"选项卡"样式"组"条件格式"下拉列表中的"突出显示单元格规则"命令。

<2> 在其展开的子列表中选择"小于"命令,弹出"小于"对话框,在"为小于以下值的单元格设置格式"文本框中输入"60"。

<3> 在"设置为"下拉列表中选择"红色文本"格式,然后单击"确定"按钮完成设置。

若要清除条件格式,可以选择"条件格式"下拉列表中的"清除规则"→"清除所选单元格的规则"或"清除整个工作表的规则"命令。

3.2.2 任务案例：美化"工资表"表格

【案例 3-2】 对案例 3-1 中的"工资表.xlsx"格式进行设置,使其达到如图 3-5 所示的效果,设置完毕以文件名"工资表 1.xlsx"另存文档。具体要求为：

(1) 设置工作表中所有单元格的对齐方式为水平居中、垂直居中。
(2) 设置标题文字所在行的行高为 30,其余各行的行高为 25。
(3) 修饰工作表的文字,要求标题文字为"黑体"、字号 20、蓝色、加粗；第二行数据项目名称文字为"楷体"、字号 16、黑色、加粗；其余单元格中的文字为"华文细黑"、字号 14、黑色。

【操作步骤】

(1) 打开工作表

启动 Excel,打开"第 3 章素材"→"任务案例 3-2"文件夹中的"工资表.xlsx"。

（2）设置工作表的格式

<1> 插入标题行。右击 A1 单元格，在弹出的快捷菜单中选择"插入"命令，弹出"插入"对话框，选中"整行"单选按钮，如图 3-6 所示，再单击"确定"按钮，选中 A1 单元格，输入标题文字"职工工资明细表"。

图 3-5　格式化后的工资表

图 3-6　"插入"对话框

<2> 设置标题居中。选中单元格区域 A1:G1（按下鼠标左键拖动），单击"开始"选项卡的"对齐方式"组中的"合并后居中"按钮。

<3> 设置表格内容水平居中、垂直居中。选择单元格区域 A1:G9，单击"开始"选项卡的"对齐方式"组中的"垂直居中"按钮≡和"居中"按钮≡。

<4> 设置行高。右击第 1 行左侧的行标签，从快捷菜单中选择"行高"命令，在弹出的对话框中输入行高的值"30"，然后单击"确定"按钮；单击第 2 行左侧的标签，然后向下拖动至第 9 行，在行标签处单击右键，从快捷菜单中选择"行高"命令，在弹出的对话框中输入行高的值"25"，然后单击"确定"按钮。

（3）修饰工作表中的文字

<1> 选中标题所在的单元格 A1，在"开始"选项卡的"字体"组中设置字体为"黑体"、字号 20、蓝色、加粗。

<2> 选中单元格区域 A2:G2，在"开始"选项卡的"字体"组中设置字体为"楷体"、字号 16、黑色、加粗。

<3> 选中单元格区域 A3:G9，在"开始"选项卡的"字体"组中设置字体为"华文细黑"、字号 14、黑色。

（4）关闭文档并保存

<1> 选择"文件"菜单的"另存为"命令，选择保存位置并另存为"工资表 1.xlsx"。

<2> 在"文件"选项卡中选择"退出"命令，或单击窗口右上角的"关闭"按钮，退出 Excel。

3.2.3　知识拓展：格式刷的使用

1. 使用"格式刷"功能

"格式刷"功能可以将 Excel 工作表中选中区域的格式快速复制到其他区域，既可以将被选中区域的格式复制到连续的目标区域，也可以将被选中区域的格式复制到不连续的多个目标区域。

(1) 使用格式刷将格式复制到连续的目标区域

打开工作表窗口，选中含有格式的单元格区域，然后在"开始"选项卡的"剪贴板"功能区中单击"格式刷"按钮。当鼠标指针呈现出一个加粗的"+"和小刷子的组合形状✥时，单击并拖动鼠标选择目标区域。松开鼠标后，格式将被复制到选中的目标区域。

(2) 使用格式刷将格式复制到不连续的目标区域

如果需要将工作表所选区域的格式复制到不连续的多个区域中，可以首先选中含有格式的单元格区域，然后在"开始"选项卡的"剪贴板"组中双击"格式刷"按钮。当鼠标指针呈现形状✥时，分别单击并拖动鼠标选择不连续的目标区域。完成复制后，按键盘上的 Esc 键或再次单击"格式刷"按钮，即可取消格式刷。

2．清除样式

选中需要清除格式的单元格区域，然后在"开始"选项卡的"编辑"组中单击"清除"按钮，在下拉列表中选择"清除格式"选项，便可将已设置好的格式直接清除。

任务 3.3 公式和函数的应用

3.3.1 知识导读：公式计算和函数计算

Excel 具备强大的数据分析与处理功能，其中公式计算和函数计算提供了强大的计算功能，用户可以运用公式和函数实现对数据的计算和分析。

1．创建公式

所谓公式，类似于数学中的表达式，以"="开始，由常数、单元格或区域的引用、函数和运算符组成。例如，在单元格 B2 中输入"=(A2+B4)*B5+SUM(C2:C5)"，表示将 A2 和 B4 单元格中的数据相加后与 B5 单元格的数据相乘，然后与 C2～C5 区域的单元格数据求和后相加，计算结果显示在 B2 单元格中，而公式本身则在该单元格的编辑栏中显示。公式可以在编辑栏或单元格中输入，单元格的公式可以像其他数据一样进行编辑，包括修改、复制、移动等操作。

2．单元格引用

单元格引用是指在公式中以某一单元格名来引用存放在该单元格内的数据。在公式中若使用了单元格的引用，公式的值就依赖于引用单元格的值。当该引用单元格的值发生变化时，公式的值也发生变化。

单元格引用可分为相对引用、绝对引用和混合引用。

① 相对引用：当把一个含有单元格名称的公式复制到一个新的位置后，公式中的单元格名称随之作相应的变化。如单元格 B2 中的公式为"=C3+D4"，被复制到 D5 单元格后，公式的位移是 2 列、3 行，则 D5 公式内对单元格的引用自动右移 2 列、下移 3 行，所以 D5 单元格中的公式变成可"=E6+F7"。

② 绝对引用：公式复制后，单元格引用保持不变，即引用始终是同一个单元格。如单元格 B2 中的公式为"=$C$3+$D$4"，被复制到 D5 单元格后，仍为"=$C$3+$D$4"。在绝对引

用中，单元格的引用是绝对引用，即在行号和列表前，各加一个"$"符号。

③ 混合引用：指在单元格引用的地址中，行用相对引用，列用绝对引用；或行用绝对引用，列用相对引用，如$A1、A$1。相对引用部分随公式复制的变化而变化，绝对引用部分保持不变。

3. 运算符

运算符分为算数运算符、比较运算符、文本运算符、引用运算符。

算数运算符有+（加）、－（减）、*（乘）、/（除）、^（乘幂）、%（百分数）。

比较运算符有=（相等）、<>（不等）、<（小于）、>（大于）、<=（小于等于）、>=（大于等于）。由这些比较运算符构成的公式用于比较两个数据，所得的结果是表示逻辑值真或假的字符串 TRUE 或 FALSE。

文本运算符有&，作用是文字连接。如 A1 单元格中内容为"大学"，B3 单元格中内容为"计算机"，B2 单元格中的内容为"=A1&B3"，则在 B2 单元格中得到"大学计算机"。

引用运算符如下：

- 区域运算符（:）：对两个引用之间的所有单元格进行计算。如 SUM(A1:A5)表示 A1～A5 共 5 格单元格之和。
- 联合运算符（,）：将多个引用合并为一个引用。如 SUM(A1:A5,B1:B5)表示计算 A1～A5 和 B1～B5 共 10 格单元格的总和。
- 空格运算符（ ）：产生同时隶属于两个区域的单元格引用。如 SUM(A1:A5 A3:A6)表示计算单元格 A3、A4 两单元格之和。

4. 命令单元格或区域

以单元格的地址来命名单元格或区域，记忆和引用都不方便。在 Excel 中，可以为单元格或区域命名，用名称代表单元格或区域。单元格或区域的命名方法如下：

选中一个单元格或是一组单元格，然后直接在编辑栏的名称框中输入名称，就完成了对该单元格或是该区域的命名；还可以在选中单元格或区域后右击，在弹出的快捷菜单中选择"定义名称"命令，在"名称"文本框中输入新名称。单元格或区域命名后，在名称框的下拉列表中会显示该名称。以后通过在名称框下拉列表中选中该名称来完成对单元格或区域的选取。如果该区域都是由数值型数据组成的，还可以作为函数的参数直接调用。

修改和删除已经定义的名称，则选择"公式"选项卡的"定义的名称"组中的"名称管理器"对话框中可以新建、编辑和删除名称。

5. 插入函数

Excel 提供了众多的函数，除了常用函数以外，还提供了很多专业的函数，如财务和金融方面的函数等。Excel 函数由函数名及参数组成，其形式为：

函数名(参数 1, 参数 2, …)

其中，函数名指明了是何种运算，参数指出了使用该函数时所需的数据，参数可以是数字、文本、逻辑值、数单元格或区域名称，也可以是又一个函数。如"=SUM(B1:B8)"，SUM 是函数名，说明函数要执行求和运算，区域 B1:B8 是一个参数。

例如，计算某数据区域中满足数据小于 60 的个数。

选中计算结果存放单元格，单击该单元格编辑栏中的 f_x 按钮，弹出如图 3-7(a)所示的对话框，在"选择函数"列表中选择"CONUNTIF"函数，弹出如图 3-7(b)所示的"函数参数"对话框，在"Range"文本框中输入计算数据区域，在"Criteria"文本框中输入"<60"；最后计算出该区域中数据小于 60 的个数。

(a)　　　　　　　　　　　　　　　(b)

图 3-7　插入函数

3.3.2　任务案例："工资表"表格的数据计算

【案例 3-3】　对案例 3-2 中的"工资表 1.xlsx"结构进行调整，增加"合计"列，利用公式或函数统计每名员工的工资总额，设置完毕以文件名"工资表 2.xlsx"另存，效果如图 3-8 所示。

编号	姓名	性别	职称	工龄	基本工资	奖金	合计
580001	李晓丽	女	高级工程师	30	7286	3000	10286
580002	赵建勇	男	高级工程师	25	6937	3000	9937
580003	林强苏	男	高级工程师	21	6558	3000	9558
580004	王洪海	男	工程师	12	4930	2000	6930
580005	陈向阳	男	工程师	20	5665	2000	7665
580006	张建军	男	助理工程师	8	3980	1000	4980
580007	刘璐璐	女	助理工程师	6	3658	1000	4658

图 3-8　求和后的工资表

【操作步骤】

<1> 打开工作表。启动 Excel，打开"第 3 章素材"→"任务案例 3-3"文件夹中的"工资表 1.xlsx"。

<2> 调整表结构。选中 H2 单元格，输入文字"合计"；按照案例 3-2 中的要求，格式化单元格区域 A1:G9。

<3> 计算每名员工的工资总额。选中单元格 H3，直接从键盘输入公式"=F3+G3"（或

"=SUM(F3:G3)"），按 Enter 键（或单击编辑栏左侧的"输入"按钮✔）结束输入状态，则在 H3 单元格中显示第一位员工的工资总额。将鼠标指针移动到 H3 单元格的右下角的填充柄（黑色小方块）上，鼠标会变成一个黑色的十字形状，按住鼠标左键同时向下拖动到单元格 H9，即可完成公式的复制。

<4> 修饰工作表中的文字。

选中标题所在的单元格 A1，在"开始"选项卡的"字体"组中设置字体为"黑体"、字号 20、蓝色、加粗；选中单元格区域 A2:G2，在"开始"选项卡的"字体"组中设置字体为"楷体"、字号 16、黑色、加粗；选中单元格区域 A3:G9，在"开始"选项卡的"字体"组中设置字体为"华文细黑"、字号 14、黑色。

<5> 关闭文档并保存。

选择"文件"菜单的"另存为"命令，选择保存位置后将文档另存为"工资表 2.xlsx"。在"文件"选项卡中选择"退出"命令，或单击窗口右上角的"关闭"按钮，退出 Excel。

3.3.3 知识拓展：公式的高级应用

1. 复杂公式的使用

（1）公式的数值转换

在公式中，每个运算符与特定类型的数据连接，如果运算符连接的数值与其所需的类型不同，Excel 将自动更换数值位类型。

（2）日期和时间的使用

Excel 中显示时间和日期的数字是以 1900 年 1 月 1 日星期日为日期起点，数值设定为 1；以午夜时（00:00:00）为时间起点，数值设定为 0.0，范围是 24 小时。

日期计算中经常用到两个日期之差，例如，公式"="2015/10/29"-"2015/10/10""的计算结果为 19。此外，也可以进行其他计算，如公式"="2015/10/29"+"2015/10/10""的计算结果为 84593。

注意：输入日期，若以短格式输入年份（即年份输入两位数），Excel 将做如下处理：若年份在 00～29 之间，作为 2000 至 2029 年处理。例如，输入"15/11/2"，Excel 认为该日期是"2015 年 11 月 2 日"。若年份在 30～99 之间，作为 1930 至 1999 年处理。例如，输入"89/8/10"，Excel 认为该日期是"1989 年 8 月 10 日"。

（3）公式返回错误值及产生原因

使用公式时，出现错误将返回错误值。表 3-1 列出了常见的错误值及产生的原因。

表 3-1 常见的错误值及产生的原因

返回的错误值	产生的原因
#####!	公式计算的结果太长，单元格宽度不够，增加单元格的列宽可以解决
@div/0	除数为 0
#N/A	公式中使用或不存在的名称，以及名称的拼写错误
#NAME?	删除了公式中使用或不存在的名称，以及名称的拼写错误
#NULL!	使用了不正确的区域运算或不正确的单元格使用
#NUM!	在需要数字参数的函数中使用了不能接受的参数，或者公式计算结果的数字太大或太小，Excel 无法表示
#REF!	删除了其他公式引起的单元格，或将移动单元格粘贴到其他公式引用的单元格中
#VALUE!	需要数字或逻辑值时输入了文本

2. 数组公式的使用

用数组公式可以执行多个计算并返回多个结果。数组功能是数组公式作用于两个或多个功能区，称为数组参数值，每个数组参数必须具有相同数目的行和列。

（1）创建数组公式

① 如果希望数组公式返回一个结果，则单击输入数组公式的单元格；如果希望数组公式返回多个结果，则选定输输入数组公式的单元格区域。

② 输入公式的内容，然后按 Ctrl+Shift+Enter 组合键结束输入。

注意：若数组公式返回多个结果，删除数组公式时必须删除整个数组公式。

在数组公式中除了可以使用单元格引用外，也可以直接输入数值数组。直接输入的数值数组称为数组常量。

在公式中建立数组常量的方法是，直接在公式中输入数值，并用"{ }"括起来；不同列的数值用","分开，不同行的数值用";"分开。

（2）应用数组公式

在图 3-5 所示的工资表中，可以用数组公式计算每名员工的工资总额。具体操作方法是：选定要用数组公式计算结果的单元格区域 H3:H9，输入公式"=F3:F9+G3:G9"，按 Ctrl+Shift+Enter 组合键结束输入，并返回计算结果。

任务 3.4　图表分析

3.4.1　知识导读：图表的创建和编辑

图表是将表格中的数据以图形的形式表示，使数据表现得更加可视化、形象化，方便用户了解数据的内容、数据的宏观走势和规律。系统提供了柱形图、折线图、饼图等 10 种图表的类型，用户可以根据自己的情况选择适当的图表类型。图表的基本结构如下。

① 图表区：图表工作的区域，图表的所有组成元素都放在此区域中。

② 绘图区：绘制数据图形的区域，包括坐标轴（如分类轴、数值轴等）和数据系列。

③ 坐标轴：位于图形区边缘的直线，为图表提供计量和比较的参照框架。

④ 数据系列：在图表中用于表示一组数据的图形，每个数据系列的图形用特定的颜色和图案表示，数据来源于工作表中的一行或一列。可以增加数据标志以方便查看。

⑤ 标题：有图表标题、坐标轴标题（如分类轴标题、数值轴标题等）是分别为图表、坐标轴增加的说明性文字。

⑥ 图例：图例是一个方框，用于区分图表中为数据系列和分类所指定的图案或颜色。

图 3-9 为某个图表的基本结构。

1. 创建图表

创建图表时，可以先选择创建图表的数据源，再选择"插入"选项卡的"图表"组中的"推荐的图表"按钮，在弹出的"插入图表"对话框（如图 3-10 所示）中进一步选择合适的图表类型，即可完成插入图表操作。当图表创建完成后，在选中图表状态时，会自动显示"图表工具"动态标签及其"设计"和"格式"两个选项卡。

图 3-9　图表的基本结构

图 3-10　"插入图表"对话框

其中,"图表工具-设计"选项卡是对图表整个格局的设置,如图表布局、图标样式等;"图表工具-格式"选项卡是对图表中对象格式的设置,如形状样式、艺术字样式等。

当希望单独查看图表,即将图表嵌入到一个独立的工作表中时,可以通过"图表工具-设计"选项卡的"位置"组中的"移动图表"命令,在"移动图表"对话框中选择"新工作表"选项来完成。

2. 编辑图表中的对象

(1) 更改图表类型

如果想把已经创建好的图表类型更改成其他类型,操作方法为如下之一:

① 选中要更改类型的图表,重新单击"插入"选项卡的"图表"组中的"推荐的图表"按钮,在弹出的"插入图表"对话框(见图3-10)选择合适的图表类型。

② 选中要更改类型的图表,在"图表工具-设计"选项卡"类型"组中单击"更改图表

类型"按钮,在弹出的"更改图表类型"对话框中重新设置所需要的图表类型。

(2)更改图表数据源

创建图表时,Excel根据数据源中的行与列直接产生图表的分类轴和数据轴,如果发现行与列的数据在图表中不合适,则可以在选中图表状态下修改。选择"图表工具-设计"选项卡的"数据"组中的"切换行/列"按钮,可进行行与列的切换。

在已有的图表中,可以重新选择图表的数据源。方法是:在选中图表的状态下,选择"图表工具-设计"选项卡的"数据"组中的"选择数据"按钮,在弹出的"选择数据源"对话框中,重新选择数据区域。

(3)快速设置图表布局和样式

创建好图表后,在选中图表的状态下,选择"图表工具-设计"选项卡的"图表布局"组中的"快速布局"列表,在其中选择一种布局,即通过设置图表布局的方法来快速的设置图表标题和图例的位置。

图表样式包括图表中绘图区、背景、系列、标题等一系列元素的样式,系统预设了多种图表样式。选择"图表工具-设计"选项卡的"图表样式"组中的"图表样式"列表,选择其中一种样式,即可以快速完成图表样式的重新设置。

(4)自定义图表布局和样式

除了利用预设的布局和样式来设置图表中的标题、背景、坐标轴、图表区、绘图区等一系列图表对象外,用户还可以自定义图表对象。

若图表没有标题,选择"图表工具-设计"选项卡的"图表布局"组中的"添加图表元素"按钮,然后选择"图表标题"命令,确定图表标题在图表中的位置,单击标题文本框,使其处于可编辑状态,输入标题。通过"坐标轴"、"轴标题"、"数据标签"等命令,可以在图表中添加或删除坐标轴标题、图例、数据标签、模拟运算表等图表对象。这些图表对象的文本除了一般的字体格式设置外,还可以通过"图表工具-格式"选项卡的"艺术字样式"组中的选项来设置标题的文本填充、文本轮廓、文本效果。选中这些图表对象,还可以通过"图表工具-格式"选项卡的"形状样式"组中的按钮进行外观设置。快速设置图表对象的方法是:选中该图表对象并右击,在快捷菜单中选择其中的设置该对象格式的命令。

3.4.2 任务案例:"员工销售量统计表"的图表分析

【案例3-4】 根据图3-11所示的"员工销售量统计表"创建簇状柱形图图表,效果如图3-12所示。具体要求如下:

姓名	第1季度销售量	第2季度销售量	第3季度销售量	第4季度销售量
杨彩霞	7250	6310	6650	9800
李小燕	6820	5830	6020	8860
张泰名	8600	6950	6880	9300
郑海燕	7650	6630	6500	7630
王建国	7120	5960	6460	7980
李鹏泰	6680	5680	6010	7550
周明军	8900	7000	6590	7290

图3-11 员工销售量统计表

图 3-12 "员工销售量统计表"创建的簇状柱形图

（1）对"员工销售量统计表"中每名员工四个季度的销售量数据，在当前工作表中建立簇状柱形图图表。

（2）设置图表标题为"员工销售量统计表"，横坐标轴标题为姓名，纵坐标轴标题为销售量。

（3）为图表中"第 4 季度销售量"的数据系列添加数据标签。

【操作步骤】

<1> 打开工作表。启动 Excel，打开"第 3 章素材"→"任务案例 3-4"文件夹中的"员工销售量统计表.xlsx"。

<2> 选择用来生成图表的数据区域（本例为 A2:E9）。

<3> 在"插入"选项卡的"图表"功能组中单击"插入柱形图"按钮 ，在下拉列表中选择"二维柱形图"中的"簇状柱形图"按钮。此时，在当前工作表中创建了一个柱形图表，单击图表内空白处，然后按住鼠标左键进行拖动，将图表移动到工作表的一个适当位置。

<4> 双击图表中的图表标题输入框，输入图表标题"员工销售量统计表"，单击图表空白区域完成输入。

<5> 选中图表，选择"图表工具－设计"选项卡的"图表布局"组中的"添加图表元素"按钮，在下拉菜单中选择"轴标题"命令，分别完成横坐标与纵坐标标题的设置。

<6> 选中"第 4 季度销售量"数据系列，选择"图表工具－设计"选项卡的"图表布局"组中的"添加图表元素"按钮，在下拉菜单中选择"数据标签"命令，在弹出的列表中选择"数据标签外"命令，创建的图表见图 3-12。

<7> 关闭文档并保存。

3.4.3 知识拓展：迷你图的创建和编辑

迷你图是工作表单元格中的一个微型图形，是 Excel 的一个全新功能。在数据表格的旁边显示迷你图，可以直观地反映一系列数据的变化趋势，或者突出显示数据中的最大值和最小值。这里通过一个例子来讲解如何创建迷你图，对图 3-11 所示的数据表创建一个迷你图，操作步骤如下。

<1> 在"插入"选项卡的"迷你图"组中单击"柱形图"按钮，打开"创建迷你图"对

话框，如图 3-13 所示。

　　<2> 选择 B3:E3 单元格区域作为"数据范围"，选择 F3 单元格作为"位置范围"。

　　<3> 单击"确定"按钮，关闭"创建迷你图"对话框。Excel 在 F3 单元格中创建了一个"柱形迷你图"，如图 3-14 所示。

图 3-13　"创建迷你图"对话框　　　　　　　图 3-14　柱形迷你图

任务 3.5　数据管理

3.5.1　知识导读：数据管理常用操作

1. 排序

为了方便查看数据、分析数据的变化情况，用户经常对数据进行排序，Excel 2013 提供了多种排序的方法，这里介绍简单排序和复杂排序。

简单排序：根据数据表中的某一字段进行排序。一种方法是将光标停在要进行排序的列的任意单元格，在"数据"选项卡的"排序和筛选"组中单击"升序"或"降序"按钮。另一种方法是在"排序和筛选"组中单击"排序"按钮，在弹出的"排序"对话框中进行排序项目的设置。

复杂排序：对两组或两组以上的数据进行排序。方法是：在"数据"选项卡的"排序和筛选"组中单击"排序"按钮，在弹出的"排序"对话框中设置"主要关键字"的排序依据和次序，还可以单击"添加条件"按钮，增加设置"次要关键字"的排序依据和次序，添加多个次要关键字的排序，也可以通过删除条件来减少次要关键字的排序。排序结果就是数据先根据主要关键字来排序，当关键字中有相同值时，再根据次要关键字，以此类推。

2. 筛选

与排序不同，筛选并不重排数据。筛选只是显示满足符合条件的数据，不符合条件的其他数据则隐藏起来，Excel 提供了自动筛选、自定义筛选和高级筛选 3 种方式。

自动筛选：选择数据区域中的任一单元格，在"数据"选项卡的"排序和筛选"组中单击"筛选"按钮，数据列表中的每个字段旁出现一个小箭头，表明数据列表具有了筛选功能，再单击"筛选"按钮，则会取消筛选功能。单击要筛选的字段旁的下拉按钮，在弹出的列表中可以选择根据列中数据类型显示的"数字筛选"、"文本筛选"或"按颜色筛选"选项，进行指定内容的筛选。

自定义筛选：进行较复杂的条件筛选，可以选择上面提到的"数字筛选"或"文字筛选"中的"自定义筛选"命令，在弹出的"自定义自动筛选方式"对话框中设置所需条件。

高级筛选：筛选条件更复杂的筛选。使用高级筛选时，必须在工作表中无数据的区域先输入要筛选的一个或多个条件，作为条件区域来存放筛选条件，然后在"数据"选项卡的"排序和筛选"组中单击"高级"按钮，在弹出的"高级筛选"对话框中进行设置，筛选的结果显示在指定位置。

3．分类汇总

分类汇总是对数据表中的记录按某一字段的值进行分类，该字段称为分类字段。分类字段值相同的记录归为同一类，并对同一类记录的数据进行统计计算，如求和、求平均值、计数等。要留意的是在分类汇总前，必须先对分类字段进行排序。

这里通过一个例子来讲解如何进行分类汇总。对图 3-15 所示的数据表统计各类职称基本工资的平均值，操作步骤如下：

<1> 对"职称"字段进行排序，使具有相同职称的记录排列在一起，在这里"职称"字段就是分类字段。

<2> 选定数据表中任一单元格，在"数据"选项卡的"分级显示"组中单击"分类汇总"按钮，弹出如图 3-16 所示的"分类汇总"对话框，进行适当设置。

图 3-15　数据表　　　　　　　　图 3-16　"分类汇总"对话框

- 分类字段：选择数据表中要划分成若干类的字段，即在步骤<1>中排序的字段。
- 汇总方式：选择用于计算的统计函数，如"平均值"。
- 选定汇总项：选择汇总字段，即函数汇总的对象，本例只选中"基本工资"。
- 替换当前分类汇总：选择是否用新的分类汇总替换数据表中的原有分类汇总。如果在已有的分类汇总表上在进行分类汇总，则不能选中此复选框。

最后单击"确定"按钮，完成分类汇总，在原数据表上将会多出由于执行分类汇总命令而增加的若干行统计数据。

分类汇总建立好后，Excel 会自动对数据表中的数据进行分级显示。在工作表窗口的左边自动出现分级显示区，列出了一些分级显示符号，通过左上方的"1""2""3"符号，从整体上显示或隐藏相应级别的明细数据。

"分类汇总"对话框中的"全部删除"按钮是用来删除分类汇总的，如果要恢复原来的数据表，单击此按钮即可。

4．数据透视表

上面介绍的分类汇总只能对数据表中的一个字段进行汇总计算，如果对多个字段进行汇总，使用分类汇总比较烦琐，用数据透视表就比较方便。数据透视表便是一种对大量数据快捷汇总和建立交叉列表的交互式表格。

（1）建立数据透视表

在图 3-15 所示的数据表中，要求按职称和性别进行分类，统计。操作步骤如下：

<1> 单击 A2:F9 区域中的任意单元格；在"插入"选项卡的"表格"组中单击"数据透视表"按钮，弹出"创建数据透视表"对话框，如图 3-17(a)所示。

<2> 系统会自动将单元格区域自动添加到"表/区域"文本框中，在"选择放置数据透视表的位置"选项中选择放置数据透视表的位置，可以放置到新工作表中，也可以放置在现有工作表中，单击"确定"按钮，此时出现放置数据透视表的区域："数据透视表字段"任务窗格和"数据透视表工具"选项卡，如图 3-17(b)所示。

图 3-17 创建数据透视表

<3> 可以在"数据透视表字段列表"任务窗格中拖曳所需的字段到数据透视表区域,如将"职称"字段拖曳到"数据透视表字段"任务窗格的"行"区域。

<4> 将"性别"字段拖曳到"数据透视表字段"任务窗格中的"列"区域。

<5> 将"基本工资"和"奖金"两个字段拖曳到"数据透视表字段"任务窗格的"值"区域。

<6> 拖曳的数据项默认为"求和项",若要修改为其他计算类型,选择某个需要修改的"求和项"的下拉列表,在弹出的快捷菜单中选择"值字段设置"命令,打开"值字段设置"对话框,选择"计算类型"中的"平均值"、"计数"等选项,结果如图 3-17 所示。

(2)数据透视表的编辑

数据透视表建立好后,有时会不符合要求,需要进行单元格格式的修改、数据字段的添加或删除、汇总方式的修改等。将光标停在创建好的数据透视表中并右击,利用弹出的快捷菜单,可以进行快速设置数据透视表中的数据格式,或是利用"数据透视表工具"选项卡进行移动数据透视表、更改数据源、排序等操作。

3.5.2 任务案例:"员工工资表"的数据管理

【案例 3-5】 根据图 3-18 所示的"员工工资表"进行排序、筛选和分类汇总操作,具体要求如下:

编号	姓名	部门	基本工资	奖金
580001	李晓丽	研发部	7286	3000
580002	赵建勇	设计部	6937	3000
580003	林强苏	研发部	6558	3000
580004	王洪海	销售部	4930	2000
580005	陈向阳	销售部	5665	2000
580006	张建军	设计部	3980	1000
580007	刘璐璐	设计部	3658	1000

图 3-18 员工工资表

(1)将 Sheet1 工作表中的内容复制至两个新工作表中,将三个工作表名称分别更改为"排序"、"筛选"和"分类汇总"。

(2)使用"排序"工作表中的数据,以"基本工资"为主要关键字、"奖金"为次要关键字降序排序。

(3)使用"筛选"工作表中的数据,筛选出"部门"为设计部并且"基本工资"大于等于 3800 的记录。

(4)使用"分类汇总"工作表中的数据,以"部门"为分类字段,将"基本工资"进行"平均值"分类汇总。

【操作步骤】

<1> 打开工作表。启动 Excel,打开"第 3 章素材"→"任务案例 3-5"文件夹中的"员工工资表.xlsx"。

<2> 工作表的管理。右击工作表中的"Sheet1"标签,在弹出的菜单中选择"移动或复制"命令,打开"移动或复制工作表"对话框,选中"移至最后"选项,选中"建立副本"复选框;单击"确定"按钮,将增加一个复制的工作表,它与原来的工作表中的内容相同,默认名称为Sheet1(2)。

用同样的方法创建另一张工作表,创建完成后,其默认名称为Sheet1(3)。

右击工作表Sheet1标签,在弹出的菜单中选择"重命名"命令,然后在标签处输入新的名称"排序"。

用同样的方式分别修改Sheet1(2)和Sheet1(3)工作表的名称为"筛选""分类汇总"。

<3> 数据排序。

使用"排序"工作表中的数据,将鼠标指针定位在数据区域任意单元格中,在"数据"选项卡的"排序和筛选"组中单击"排序"按钮,弹出"排序"对话框,在"主要关键字"下拉列表中选择"基本工资"选项,在"次序"下拉列表中选择"降序"选项。

单击"添加条件"按钮,增加"次要关键字"设置选项,在"次要关键字"下拉列表中选择"奖金"选项,在"次序"下拉列表中选择"降序"选项。

单击"确定"按钮,即可将员工按基本工资降序方式进行排序,基本工资相同则按奖金进行降序排序,如图3-19所示。

<4> 数据筛选。

使用"筛选"工作表中的数据,将鼠标指针定位在第2行任一单元格中,在"数据"选项卡的"排序和筛选"组中单击"筛选"按钮;单击"部门"单元格中的下拉按钮,在弹出的下拉列表中选择"设计部",单击"确定"按钮,即可筛选出部门为"设计部"的数据。

单击"基本工资"单元格的下拉按钮,在弹出的下拉列表中选择"数字筛选|大于或等于"选项,在打开的"自定义自动筛选方式"对话框中,设置"基本工资大于或等于3900"。

单击"确定"按钮,即可筛选出"基本工资"大于等于3900的记录,如图3-20所示。

图3-19 排序后的员工工资表　　　　图3-20 筛选后的员工工资表

分别单击"部门"和"基本工资"单元格中的下拉按钮,在弹出的下拉列表中选择"全选"选项,则显示原来所有数据。

<5> 分类汇总。

使用"分类汇总"工作表中的数据,将鼠标指针定位在数据区域任意单元格中,在"数据"选项卡的"排序和筛选"组中单击"排序"按钮,弹出"排序"对话框,在"主要关键字"下拉列表中选择"部门"选项,在"次序"下拉列表中选择"升序"选项。单击"确定"

按钮,即可将数据按部门的升序方式进行排序。

在"数据"选项卡的"分级显示"组中单击"分类汇总"按钮,弹出"分类汇总"对话框。在"分类字段"下拉列表中选择"部门",在"汇总方式"下拉列表中选择"平均值",在"选定汇总项"列表框中选择"基本工资"。

选中"替换当前分类汇总"与"汇总结果显示在数据下方"两项,单击"确定"按钮,效果如图3-21所示。单击分类汇总表左侧的减号,即可折叠分类汇总表。

图3-21 汇总后的工作表效果

<6> 关闭文档并保存。

任务3.6 综合案例:"电脑销售明细表"的数据管理和分析

1. 完成效果

本案例的目的是建立规范的数据清单,并以此为基础应用数据透视表和数据透视图进行数据分析,最终完成效果如图3-22所示。

2. 制作流程

步骤1 录入和整理数据

操作要求:

录入数据	按照图3-22录入数据,将工作表命名为"2018年第一季度电脑销售明细"
添加公式	在E列显示每种产品当日的销售额(销售额=数量×价格),并以百万元单位来显示
表格格式	为A1:E31单元格区域添加所有内部和外部边框线

操作过程如下:

<1> 新建一个空白工作簿,并将其命名后保存到自己定义的目录下。

<2> 右击工作表标签"Sheet1",从快捷菜单中选择"重命名"命令,将其更名为"2018年第一季度电脑销售明细"。

<3> 按照图3-22(a)在"2018年第一季度电脑销售明细"工作表中录入相应数据,作为本

例素材。

图 3-22 数据管理和分析

<4> 选定 E2 单元格，并输入公式"=C2*D2/1000000"，然后回车。

<5> 再次选中 E2 单元格，将光标移到单元格右下角填充柄，当光标变为十字时，双击填充柄，将 E2 单元格中的函数以相对引用的方式复制到单元格 E31。

<6> 选定单元格区域 A1:E31，在"开始"选项卡的"字体"组中单击"边框"按钮右侧的下拉箭头，在下拉菜单中单击"所有框线"，完成表格格式的设置。

步骤 2　应用数据透视表和数据透视视图分析数据

操作要求：

建立数据透视表	位置：名称为"2018 年第一季度电脑销售情况分析"的新工作表
	行标签：日期；列标签：类型
	求和项：销售额（百万元）；求和项数字格式：数值，保留两位小数
	分组：将"日期"字段按照月份分组
建立数据透视图	图表类型"带数据标记的折线图"；图例：图标底部

操作过程如下：

<1> 选中工作表"2018 年第一季度电脑销售明细"中的数据区的任意一个单元格，在"插入"选项卡的"表格"组中单击"数据透视表"按钮，出现"创建数据透视表"对话框，接受默认设置，直接单击"确定"按钮。

<2> 在"数据透视表字段"任务窗格中，将"日期"字段拖动到"行"区域，将"类型"字段拖动到"列"区域，将"销售额（百万元）"字段拖动到"值"区域，此时左侧工作表中已经建立起数据透视表。

<3> 单击"值"区域中的"求和项：销售额（百万元）"字段，在菜单中单击"值字段设置"，出现"值字段设置"对话框，单击左下方的"数字格式"按钮，出现"设置单元格格式"

对话框,选中"分类"列表框中的"数值";在右侧"小数位数"文本框中输入"2",单击"确定"按钮。

<4> 返回"值字段设置"对话框,单击"确定"按钮,完成对于求和项数字格式的设置。

<5> 选中 A5 单元格,在"数据透视表工具-分析"选项卡的"分组"组中单击"组字段"按钮,出现"组合"对话框,在"步长"列表框中选中"月";选中"起始于"复选框,并在右侧文本框中输入"2018/1/1",选中"终止于"复选框,并在右侧文本框中输入"2018/4/1";单击"确定"按钮。

<6> 在"数据透视表工具-分析"选项卡的"工具"组中单击"数据透视图"按钮,出现"插入图表"对话框,选中"折线图"组的"带数据标记的折线图",单击"确定"按钮,插入数据透视图,并将插入的图表移动到数据透视表的下方。

<7> 选中插入的数据透视图,在"数据透视图工具-设计"选项卡的"图表布局"组中单击"添加图表元素"按钮,在下拉菜单中选择"图例"中的"底部"。

<8> 将数据透视表所在工作表的名称更改为"2018年第一季度电脑销售情况分析"。

步骤3　保护工作表和工作簿

操作要求:

保护工作表	保护所有工作表;设定密码为6位;不允许未经授权用户选定所有锁定和未锁定单元格
保护工作簿	设定密码为6位;仅保护工作簿的结构

操作过程如下:

<1> 选择工作表"2018年第一季度电脑销售明细",在"审阅"选项卡中单击"保护工作表"按钮,出现"保护工作表"对话框,在"取消工作表保护时使用的密码"文本框中输入6位密码。

<2> 在"允许此工作表的所有用户进行"列表框中,取消所有复选框的选中状态。单击"确定"按钮,出现"确认密码"对话框,从中重新输入密码。单击"确定"按钮,完成对该工作表的保护。

<3> 依照同样的方法,完成对工作簿中其他工作表的保护。

<4> 在"审阅"选项卡中单击"保护工作簿"按钮,出现"保护结构窗口"对话框,输入密码,单击"确定"按钮,然后在出现的"确定密码"对话框中重新输入密码。

<5> 单击"确定"按钮,完成工作簿的保护。

任务 3.7　练一练:"西甲射手榜"数据分析

1. 目的

(1) 熟练掌握 Excel 2013 的基本操作。
(2) 掌握单元格数据的编辑方法。
(3) 掌握公式和函数的使用方法。
(4) 掌握工作表格式的设置及自动套用格式的使用。
(5) 掌握 Excel 中常用图表的建立方法。
(6) 掌握图表格式化方法。

2．操作要求

（1）录入和整理数据

录入数据	按照图 3-23(a)录入数据；工作表命名为"2017—2018 赛季西甲射手榜"
添加公式	利用公式在 E2 单元格显示该名球员总进球数（总进球数=普通进球+点球），并利用自动填充柄将公式向下自动填充至 E3:E11 区域
添加函数	利用 SUM 函数在 C12 单元格显示表中 10 名球员普通进球之和，并利用自动填充柄将函数向右自动填充至 D12:E12 区域
表格格式	套用表格格式：表样式中等深浅 2

(a)

(b)

图 3-23　实训完成效果

（2）建立数据图表

建立图表	位置：名称为"2017—2018 赛季西甲射手榜数据分析"的新工作表 数据源：A1:E11；图表类型：簇状柱形图；图表标题：2017—2018 赛季西甲射手榜数据分析 图例位置：右侧；数据标签位置：数据标签外

（3）保存文档

保存文档	保存文档名：学号+姓名；保存位置：自定义

习　题　3

1．简答题

（1）Excel 2013 中如何插入、删除单元格、行和列？

（2）Excel 2013 的单元格引用方式有哪几种？

2．上机题

在 Excel 中有数据清单如图 3-24 所示，请按以下要求对该数据清单进行操作。

（1）将工作表命名为"2017—2018 赛季英超最新积分榜"。

（2）利用公式和自动填充功能在 E 列显示各队净胜球数（净胜球=进球-失球）。

（3）按"积分"的降序方式重新排列表格中的数据。

	A	B	C	D	E
1	球队	积分	进球	失球	净胜球
2	阿森纳	63	62	32	
3	斯旺西	46	37	39	
4	热刺	54	50	45	
5	曼联	62	55	28	
6	曼城	61	62	28	
7	利物浦	54	45	36	
8	切尔西	70	63	26	
9	南安普敦	53	42	22	

图 3-24　上机题数据清单

（4）在"球队"列左侧插入新列"排名"，并以自动填充的方式填入各队名次。

（5）将文档以"英超最新积分榜"命名并保存在自定义目录下。

第 4 章 演示文稿软件的应用
Chapter 4

本章学习目标

⊙ 掌握 PowerPoint 演示文稿的创建。

⊙ 掌握幻灯片的编辑。

⊙ 掌握版式、主题和母版等幻灯片外观设计。

⊙ 了解幻灯片动画效果设计。

⊙ 掌握演示文稿的切换和放映。

　　Microsoft PowerPoint 2013 是一款非常强大的演示文稿制作软件,可以轻松地制作集文字、图形、图像、声音、视频、动画于一体的幻灯片演示文稿,广泛应用于专家讲座、教师授课、产品演示、广告宣传、技术交流和论文答辩等。

　　Microsoft PowerPoint 2013 制作的演示文稿可以通过计算机屏幕、投影仪或互联网等多种途径展示,主题鲜明、内容丰富、图文并茂、灵活生动,将信息展现地淋漓尽致,是展示与交流的最佳选择。

任务 4.1　PowerPoint 演示文稿的创建

4.1.1　知识导读：PowerPoint 2013 的界面和基本操作

PowerPoint 2013 创建的文件称为演示文稿，一般包括为演示而制作的所有幻灯片、演讲者备注和旁白等内容，其默认扩展名是 .pptx。演示文稿中的每张演示单页称为幻灯片，是演示文稿的核心，制作一个演示文稿的过程就是依次制作一张张幻灯片的过程。

在使用 PowerPoint 2013 制作演示文稿之前，首先需要了解 PowerPoint 2013 的界面，掌握演示文稿的基本操作，包括演示文稿的创建、保存、打开、关闭和幻灯片的插入、复制、移动、删除等。

PowerPoint 2013 拥有典型的 Windows 应用程序窗口界面，其组成部分主要有：标题栏、快速访问工具栏、功能区、大纲/幻灯片窗格、幻灯片编辑窗格、备注窗格、状态栏、视图切换按钮、任务窗格等。PowerPoint 2013 的主窗口界面如图 4-1 所示。

图 4-1　PowerPoint 2013 的主窗口界面

（1）标题栏

标题栏位于主窗口的最上方，显示正在使用的文档名称、程序名称及窗口控制按钮等。

（2）快速访问工具栏

快速访问工具栏位于主窗口左上角，具有快速访问的作用。默认有 4 种常用的工具："保存""撤销""恢复""重头开始"按钮。单击最右侧的展开按钮，打开"自定义快速访问工具栏"下拉菜单，用户可以根据需求添加常用工具按钮。

（3）功能区

在 PowerPoint 2013 中，传统的菜单栏和工具栏分别被功能选项卡和功能区取代。选项卡最左端是"文件"按钮,单击"文件"按钮弹出下拉菜单,其中有针对"文件"的各种操作命令。"文件"按钮右侧是功能选项卡,包括:开始、插入、设计、切换、动画、幻灯片放映、审阅、视图等。功能区位于功能选项卡的下方,选择一个功能选项卡,功能区显示相应的工具组、常用命令、按钮、列表框等。

(4)"大纲/幻灯片"窗格

"大纲/幻灯片"窗格位于幻灯片编辑窗格的左侧,用于显示当前演示文稿幻灯片的文本大纲、缩略图、数量和位置等,包括"大纲视图"和"普通视图"两种模式。"视图"选项卡中的按钮可以实现"大纲视图"和"普通视图"两种状态的切换。"大纲视图"时显示幻灯片的文本大纲,"普通视图"时显示幻灯片的缩略图。

(5)幻灯片编辑窗格

幻灯片编辑窗格位于 PowerPoint 2013 主窗口中间位置,是用于显示和编辑当前幻灯片的重要区域。在幻灯片编辑区中,可以向幻灯片输入文本、编辑文本、插入对象、设置动画和超链接等操作,还可以查看每张幻灯片中各对象设置的整体效果。

(6)备注窗格

备注窗格位于幻灯片编辑窗格的下方,用于存储和编辑幻灯片的一些备注信息,供演讲者使用。

(7)状态栏

状态栏位于主窗口的最下方,用于显示当前幻灯片的编号、总数、幻灯片主题等信息。

(8)视图切换按钮

视图切换按钮位于主窗口状态栏右侧,包括"普通视图""幻灯片浏览""阅读视图"和"幻灯片放映"按钮,可以在常用视图模式之间快速切换。

(9)任务窗格

幻灯片编辑时,根据当前对象需要设置的功能,任务窗格显示不同内容,如"动画窗格""设置幻灯片背景""设置形状格式"等,任务窗格可以由用户设置显示或关闭。

2.创建演示文稿

PowerPoint 2013 中创建演示文稿的方法有多种,用户既可以创建空白演示文稿,也可以使用系统自带或联机搜索的模板和主题创建相应的演示文稿。

(1)创建空白演示文稿

空白演示文稿是 PowerPoint 2013 中最简单、最普通的演示文稿,没有文字内容和背景颜色,没有应用模板设计、配色方案及动画方案等,只有框架。

启动 PowerPoint 2013 应用程序,打开的首界面如图 4-2 所示,选择"空白演示文稿",系统默认创建了名为"演示文稿 1"的空白演示文稿。

在主窗口中,选择"文件"菜单的"新建"命令,在右边界面单击"空白演示文稿"图标,也可创建空白演示文稿。

(2)利用模板和主题创建演示文稿

主题规定了演示文稿的母版、配色、文字格式和效果设置等。使用主题创建演示文稿,可以快速地统一和美化每张幻灯片的风格。模板是预先设计好的演示文稿样本,包括多张幻灯片,所有的幻灯片风格一致,并且每张幻灯片包含了建议的文本内容。使用模板创建演示文稿,用户只需修改幻灯片的内容,即可快速制作出具有专业水准的演示文稿。

图 4-2　PowerPoint 2013 启动首界面

PowerPoint 2013 拥有强大的模板和主题功能。用户可以使用内置模板和主题、也可以从 Office.com 联机搜索并下载模板和主题使用。

启动 PowerPoint 2013 应用程序，在打开的首界面（见图 4-2）中选择右侧某主题图标，如"环保"，弹出如图 4-3 所示对话框，再选择某种配色方案，单击"创建"按钮，新建基于"环保"主题的演示文稿，如图 4-4 所示。

在 PowerPoint 2013 启动首界面（见图 4-2）的"搜索联机模板和主题"框中输入需要的模板和主题，单击"开始收索"按钮，或直接单击"建议的搜索"相应内容，可在 Office.com 中联机搜索并下载模板和主题。如单击"教育"，打开相应模板列表，如图 4-5 所示，选择其中一种模板创建演示文稿。

3．保存演示文稿

制作中和制作后的演示文稿文件要及时保存。在 PowerPoint 2013 主窗口左上角快速访问工具栏中，单击"保存"按钮，弹出"另存为"对话框，如图 4-6 所示，直接选择"最近访问的文件夹"或单击"浏览"，找到合适位置，输入文件名，保存演示文稿文件，文件扩展名为 .pptx。也可直接用快捷键 **Ctrl+S** 实现演示文稿保存。

图 4-3　"环保"主题对话框

图 4-4 "环保"主题演示文稿

图 4-5 "教育"相关模板和主题

图 4-6 保存演示文稿对话框

4. 幻灯片的基本操作

演示文稿文件是由若干张幻灯片组成的。幻灯片的基本操作包括插入、复制、移动、删除等。

（1）插入新幻灯片

在"开始"选项卡中单击"新建幻灯片"图片按钮，在演示文稿中直接插入一张新幻灯片，默认版式与上一张幻灯片相同（除标题幻灯片外）；若单击"新建幻灯片"文字按钮，则展开版式库，如图 4-7 所示，选择所需版式，新建相应版式的幻灯片。

图 4-7 新建幻灯片

插入新幻灯片的方法还有：
- 在"插入"选项卡中单击"新建幻灯片"图片或文字按钮新建幻灯片。
- 在"大纲/幻灯片"窗格的幻灯片缩略图上单击右键，在弹出的快捷菜单中选择"新建幻灯片"。
- 在"大纲/幻灯片"窗格中，定位要插入新幻灯片的位置，用 Ctrl+M 组合键插入新幻灯片。
- 在"大纲/幻灯片"窗格中，在某一幻灯片后按 Enter 键，可以快速插入一张相同版式的新幻灯片。

（2）复制与移动幻灯片

在"大纲/幻灯片"窗格中，右键单击需要复制或移动的幻灯片，在弹出的快捷菜单中选择"复制"或"剪切"命令，在目标位置单击右键，在弹出的快捷菜单中选择"粘贴"命令，完成幻灯片的复制和移动。选择某张幻灯片并单击右键，在弹出的快捷菜单中选择"复制幻灯片"，可以直接复制当前幻灯片到当前位置。

（3）删除幻灯片

在"大纲/幻灯片"窗格中，选择需要删除的幻灯片，直接按 Delete 键，或右键单击幻灯片，在弹出的快捷菜单中选择"删除幻灯片"命令，均可删除当前幻灯片。

4.1.2 任务案例:"欢迎使用 PowerPoint"演示文稿制作

【**案例 4-1**】 使用 PowerPoint 2013 制作"欢迎使用 PowerPoint"演示文稿。

【**操作步骤**】

<1> 启动 PowerPoint 2013 应用程序,打开首界面。
<2> 选择"欢迎使用 PowerPoint"模板,在弹出的对话框中选择"创建",如图 4-8 所示。
<3> 新建"欢迎使用 PowerPoint"演示文稿,如图 4-9 所示。
<4> 保存演示文稿为"欢迎使用 PowerPoint.pptx"。

图 4-8 "欢迎使用 PowerPoint"创建

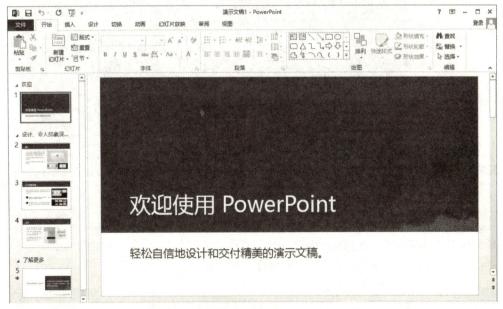

图 4-9 "欢迎使用 PowerPoint"演示文稿

任务 4.2　幻灯片的编辑

4.2.1　知识导读：幻灯片中的对象

幻灯片的编辑操作通常是在普通视图的幻灯片编辑窗格中完成。编辑幻灯片时，为了增强视觉效果和音效，配合文字可添加一些图形、图像、图表、艺术字、声音、视频、动画等对象，起到画龙点睛的作用。幻灯片中的对象主要包括文本对象、图形对象和多媒体对象等。

1．文本对象

文本是幻灯片中的重要组成部分，可以使表达的信息更加清楚、详尽。在使用自动版式创建的幻灯片中，为用户预留了输入文本的占位符。用户只要单击幻灯片中相应的占位符位置，即可将光标定位其中，并向其中输入文本。在幻灯片中，没有占位符的地方也可以通过插入文本框添加文本。

2．图形对象

要做一份漂亮的演示文稿，仅在幻灯片上输入文字是不够的，还要插入一些图片、剪贴画或艺术字使幻灯片更加漂亮，还可以使用图表、表格或 SmartArt 图形使数据描述更清晰和更明确。主界面的"插入"选项卡（如图 4-10 所示）中可以实现各类图形对象的插入。

图 4-10　"插入"选项卡功能区

3．多媒体对象

在幻灯片中添加音频、视频，能增加演示文稿的丰富效果，制作生动的演示文稿。主界面的"插入"选项卡中够可以实现各种多媒体对象的插入。

4．占位符

占位符是指应用版式创建新幻灯片时出现的一些虚线矩形框。不同版式的占位符不尽相同，每个占位符均有文字提示，根据提示信息在占位符中可输入或选择相应的对象，主要的对象类型包括文本、表格、图形、声音和视频等。

4.2.2 任务案例：实用的演示文稿制作

【案例 4-2】 使用 PowerPoint 2013 制作"学校简介"演示文稿。
【操作步骤】

<1> 打开 PowerPoint 2013，在"文件"菜单中选择"新建"命令，在右边界面中选择"平面"，弹出"平面"主题的配色方案，默认为绿色，单击"创建"按钮，可创建该主题空演示文稿。

<2> 默认第 1 张幻灯片的版式是"标题幻灯片"，在标题文字占位符位置单击鼠标，输入文本"河南工学院"，在副标题文字占位符位置单击鼠标，输入文本"欢迎您!"；选中文本"欢迎您!"，在"开始"选项卡中设置"字号"为"40"，效果如图 4-11 所示。

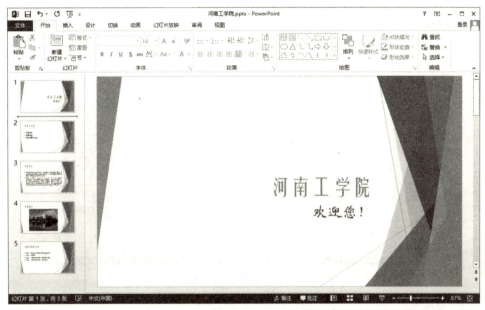

图 4-11 "学校简介"第 1 张幻灯片

<3> 在"大纲/幻灯片"窗格，第 1 张幻灯片缩略图后回车，添加新幻灯片，默认版式为"标题和内容"，在标题占位符位置输入文本"河南工学院"，在标题下方文本占位符位置输入三行文字"学校简介""校园风光""地址与联系方式"，并设置文字大小为"28"，效果如图 4-12 所示。

<4> 在"大纲/幻灯片"窗格，第 2 张幻灯片缩略图后回车，添加新幻灯片，默认版式为"标题和内容"，在标题占位符位置输入文本"学校简介"，在文本占位符位置输入学校简介相关文字（文字参考本章素材文件"学校简介.docx"），并适当调整字号，设置局部字体的颜色等，效果如图 4-13 所示。

<5> 在"大纲/幻灯片"窗格，第 3 张幻灯片缩略图后回车，添加新幻灯片，默认版式为"标题和内容"，在标题占位符位置输入文本"校园风光"；在内容占位符位置，单击编辑区中图片按钮，添加本章素材"学子湖畔.jpg"图片文件，效果如图 4-14 所示。

图 4-12 "学校简介"第 2 张幻灯片

图 4-13 "学校简介"第 3 张幻灯片

图 4-14 "学校简介"第 4 张幻灯片

<6> 在当前幻灯片后添加新幻灯片,在标题占位符位置输入文本"地址与联系方式",在文本占位符位置输入相应文字(文字参考本章素材"学校简介.docx"),并适当调整字号,效果如图 4-15 所示。

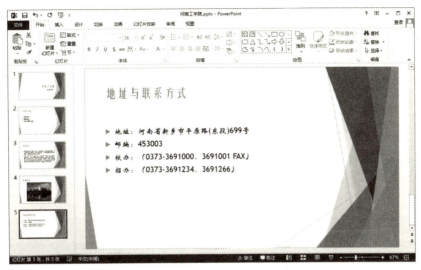

图 4-15 "学校简介"第 5 张幻灯片

<7> 保存幻灯片演示文稿,文件名为"河南工学院.pptx"。

【案例 4-3】 应用 PowerPoint 2013 轻松制作精美的电子相册。

【操作步骤】

<1> 在"文件"菜单中选择"新建"命令,在右边界面选择"空白演示文稿"图标,创建空白演示文稿。

<2> 在"插入"选项卡中单击"相册"按钮,打开"相册"对话框,如图 4-16 所示。

图 4-16 相册

<3> 单击"文件/磁盘"按钮,打开"插入新图片"对话框,选择所需的图片(图片在本章素材文件夹下)。如果要更改图片的显示顺序,可在"相册中的图片"列表中单击要移动的图片文件名,然后使用箭头按钮在列表中向上或向下移动;在"相册"对话框中,单击"创建"按钮,即可完成相册的创建。

<4> 对于已创建的相册，可以在"插入"选项卡中选择"相册"→"编辑相册"命令来进行编辑操作。

<5> 保存演示文稿文件为"相册.pptx"。

【案例 4-4】 使用 PowerPoint 2013 制作数据图表展示幻灯片。

【操作步骤】

<1> 在"文件"菜单中选择"新建"命令，在右边界面中选择"空白演示文稿"图标，创建空白演示文稿。

<2> 单击"插入"选项卡中的"图表"按钮，弹出"插入图表"对话框，如图 4-17 所示，选择需要的图表类型，单击"确定"按钮。

图 4-17 "插入图表"对话框

<3> 打开 Excel 表格的"数据区域"，如图 4-18 所示，在"数据区域"中输入需要的数据，如图 4-19 所示。

<4> 关闭 Excel，PowerPoint 会根据"数据区域"中的数据自动生成一个图表，如图 4-20 所示。然后，保存演示文稿文件为"图表.pptx"。

图 4-18 打开 Excel 表格的"数据区域"　　　　图 4-19 根据需要更改"数据区域"中的数据

图 4-20 根据数据生成图表

4.2.3 知识拓展：幻灯片中对象的格式设置

1. 文本格式设置

（1）设置文本的字体、字号和颜色

在幻灯片中对文本的字体、字号和颜色进行设置的方法同前面介绍的 Word、Excel 应用软件是一样的。

选定需要设置的文本（包括需要设置的占位符）并单击右键，在弹出的快捷菜单中选择"字体"命令，弹出"字体"对话框，如图 4-21 所示，从中可根据需要设置字体、字号和颜色；或者选中需设置的文本，出现"字体"浮动工具栏，直接使用"字体"工具栏的"字体""字号""字体颜色"按钮进行相应的设置。

（2）设置段落格式

选定需要设置的段落并单击右键，在弹出的快捷菜单中选择"段落"命令，弹出"段落"对话框，如图 4-22 所示，根据需要，可以设置段落对齐方式、缩进、段前和段后间距、行间距等。

图 4-21 "字体"对话框

图 4-22 "段落"对话框

（3）设置项目符号

选定需要设置项目符号的位置并单击右键，在弹出的快捷菜单中选择"项目符号"，在其子菜单中选择需要的项目符号。

2. 其他对象的格式设置

幻灯片都是由文本、图像、表格、图表等对象组成的，对除文字外的这些对象的格式化主要包括大小、在幻灯片中的位置、填充颜色、边框线等。这些对象格式的设置跟文字处理软件 Word 中的格式设置是一样的，先选中要格式化的对象，再选择"格式"选项卡功能区中的设置选项即可。

任务 4.3　幻灯片外观设计

4.3.1 知识导读：版式、主题和母版

1. 版式

幻灯片版式是预先定义好的幻灯片内容在幻灯片中的排列和放置方式，主要包括幻灯片

中标题和副标题文本、列表、图片、表格、图表、形状和视频等元素的排列方向,版式也包括幻灯片的主题颜色、字体、效果和背景等。演示文稿中的每张幻灯片都是基于某种自动版式创建的。在新建幻灯片时,可以从 PowerPoint 2013 提供的自动版式中选择一种,每种版式预定义了新建幻灯片的各种占位符的布局情况。

制作演示文稿时如果用户对幻灯片的版式不满意,可以更改幻灯片的版式,以及版式中各占位符的位置。选中要更改版式的幻灯片,在"开始"选项卡中单击"版式"按钮,从弹出的下拉列表中选择要更改的版式,即将当前幻灯片的版式更改为所选版式。

2. 主题

主题是一组统一的设计元素,用颜色、字体和效果来设置幻灯片的外观。应用 PowerPoint 2013 提供的多个标准的预设主题,通过更改其颜色、字体和效果后生成自定义主题。

(1)设置主题

在"设计"选项卡中单击"主题"组的其他按钮▼,可以从展开的主题样式中选择所需的预设主题样式,应用于当前演示文稿中的所有幻灯片,如图 4-23 所示。如果希望仅对选定的幻灯片应用主题,则右击所需的主题样式,从快捷菜单中选择"应用于选定幻灯片"命令。

(2)自定义主题

单击"设计"选项卡的"变体"组的其他按钮▼,展开的菜单如图 4-24 所示,单击"颜色"按钮,选择所需的颜色方案;单击"字体"按钮,选择所需的字体样式;单击"效果"按钮,选择所需的效果样式;单击"背景样式"按钮,选择并设置背景颜色和格式。

图 4-23 主题样式

图 4-24 "变体"展开菜单

3. 幻灯片母版

PowerPoint 2013 有 3 种母版类型:幻灯片母版、讲义母版和备注母版。每个母版可以拥有多个版式,版式是构成母版的元素。

(1)认识幻灯片母版和版式

在"视图"选项卡的"母版视图"组中单击"幻灯片母版"按钮,进入幻灯片母版视图,并自动显示"幻灯片母版"选项卡。幻灯片母版是最常用的母版,包含 5 个区域:标题区、对象区、日期区、页眉页脚区和数字区,如图 4-25 所示。

(2)插入版式

进入幻灯片母版视图,选中要插入版式的插入位置,在"幻灯片母版"选项卡的"编辑母版"组中单击"插入版式"按钮,即在指定位置插入了新版式。该版式默认包含标题区、日期区、页脚区和数字区。

图 4-25　幻灯片母版视图

（3）设置版式布局

在幻灯片母版视图中可以通过如下操作来设置版式布局。

隐藏占位符：在"母版版式"组中取消勾选"标题"和"页脚"复选框，能够隐藏标题和页脚、日期区与数字占位符。

插入占位符：在"母版版式"组中单击"插入占位符"下拉按钮，从展开的下拉列表中单击所需的占位符选项，在幻灯片窗格中的适当位置绘制占位符。

（4）插入母版

进入幻灯片母版视图，在"幻灯片母版"选项卡的"编辑母版"组中，单击"插入幻灯片母版"按钮，即可完成插入母版。新插入的母版默认自带 12 种版式。

（5）设置母版格式

在幻灯片母版视图中可以通过如下操作来设置母版格式。

- 设置字体格式：在"开始"选项卡通过选择或单击"字体"组中各按钮来实现。
- 调整占位符：拖动占位符边界上的控制点至适当大小，即可调整占位符大小；拖动占位符边界至适当的位置，即可移动调整占位符位置。

（6）关闭母版视图

幻灯片母版编辑完毕，在"幻灯片母版"选项卡的最右边单击"关闭母版视图"按钮，退出母版视图编辑界面。

4．添加页眉和页脚

在"插入"选项卡的"文本"组中单击"页眉和页脚"按钮，打开"页眉和页脚"对话框，如图 4-26 所示，单击"幻灯片"选项卡，可以添加编号、日期和时间、页脚等。

5．设置幻灯片背景

设置幻灯片背景有以下两种方法：在"设计"选项卡中单击"设置背景格式"按钮，在窗口右侧弹出设置背景格式任务窗格；在"设计"选项卡中单击"变体"组的其他按钮，在展开的菜单中选择"背景样式"→"设置背景格式"，弹出设置背景格式任务窗格。

在设置背景格式任务窗格中，可以设置背景的纯色填充、渐变填充、图片或文理填充、图案填充和透明度等艺术效果，如图4-27所示。

图4-26 "页眉和页脚"对话框

图4-27 设置背景格式任务窗格

4.3.2 任务案例："诗词赏析"演示文稿制作

【案例4-5】 使用PowerPoint 2013制作秋韵唯美的《山行》诗词赏析演示文稿。

【操作步骤】

<1> 在"文件"菜单中选择"新建"命令，在右边界面选择"空白演示文稿"图标，创建空白演示文稿。

<2> 在"设计"选项卡中单击"主题"组的其他按钮 ，从展开的主题样式中选择"浏览主题"，打开"选择主题或主题文档"对话框，选择本章素材文件夹下的主题模板文件"秋趣.potx"，新建该主题演示文稿；第1张幻灯片默认版式为"标题幻灯片"，在标题占位符位置输入"诗词赏析"，删除副标题占位符，幻灯片效果如图4-28所示。

<3> 新建第2张幻灯片，默认版式为"标题和内容"，单击"开始"选项卡的"版式"按钮，从下拉列表中选择"两栏内容"，随即将当前幻灯片的版式更改为"两栏内容"版式。

<4> 在第2张幻灯片的标题位置输入文本"山行""作者：杜牧"，分两行排列，并修改字体大小；标题下方是两栏内容，在左侧内容位置输入诗词正文"远上寒山石径斜，白云生处有人家。停车坐爱枫林晚，霜叶红于二月花。"（参考本章素材文件"山行.docx"）；在右侧内容位置，单击"图片"按钮，添加本章素材图片"枫林.jpg"。幻灯片效果如图4-29所示。

<5> 新建第3张幻灯片，单击"开始"选项卡中的"版式"按钮，从下拉列表中选择"带题注的图片"，随即将当前幻灯片的版式更改为"带题注的图片"。

<6> 在第3张幻灯片的标题位置输入"译文"，在正文位置输入译文相应文本（参考本章素材文件"山行.docx"）；单击右侧"图片"按钮，添加本章素材图片"枫叶.jpg"。幻灯片效果如图4-30所示。

图 4-28 《山行》诗词赏析第 1 张幻灯片

图 4-29 《山行》诗词赏析第 2 张幻灯片

图 4-30 《山行》诗词赏析第 3 张幻灯片

<7> 新建第 4 张幻灯片，单击"开始"选项卡的"版式"按钮，从弹出的下拉列表中选择"仅标题"，修改版式为"仅标题"。

<8> 单击"开始"选项卡的"设置背景格式"按钮，在弹出的设置背景格式任务窗格中，设置背景为"图片或纹理填充"，并勾选"隐藏背景图形"复选框；再单击下面的"文件"按钮，选择背景图片为本章素材图片"小草.jpg"；单击幻灯片标题位置，输入"谢谢欣赏！"。幻灯片效果如图 4-31 所示。

图 4-31 《山行》诗词赏析第 4 张幻灯片

<9> 保存演示文稿文件为"诗词赏析.pptx"。

任务 4.4 幻灯片动画效果设计

4.4.1 知识导读：动画效果

演示文稿中的文本、图形、图片、表格和其他对象都可以制作成动画，设置它们进入、退出、大小、颜色变化、移动、音效等视觉和声音效果，以达到突出重点、控制信息流程的作用，使演示文稿更加生动和有趣，提高吸引力。

幻灯片的动画效果，可使用"动画"选项卡进行设置，如图 4-32 所示。

图 4-32 "动画"选项卡功能区

1．预设动画效果

在幻灯片中，选择要添加动画的对象，在"动画"选项卡的"动画"组中单击其他按钮 ，展开预设动画库，如图 4-33 所示，在展开的列表中进行动画选择。

图 4-33　预设动画库

动画效果主要包括：进入、强调、退出、动作路径。

（1）进入动画效果

进入动画效果可以让文本或其他对象以多种动画效果进入放映屏幕。选择要添加动画的对象，在"动画"选项卡的"动画"组中单击其他按钮，在展开的预设动画库中选择进入动画效果。常用的进入效果有"飞入"、"淡出"、"擦除"等。

更多进入动画效果，可以单击预设动画库下方的"更多进入效果"链接，打开"更改进入效果"对话框，如图 4-34 所示。

（2）强调动画效果

强调动画效果是为了突出幻灯片中的某部分内容而设置的放映时的特殊动画效果。选择要添加动画的对象，在"动画"选项卡的"动画"组中单击其他按钮，在展开的预设动画库中选择强调动画效果。常用的强调效果有"放大/缩小"、"陀螺旋"、"跷跷板"等。

更多强调动画效果，可以单击预设动画库下方的"更多强调效果"链接，打开"更改强调效果"对话框，如图 4-35 所示。

（3）退出动画效果

退出动画效果是指幻灯片中的对象退出屏幕的效果。选择要添加动画的对象，在"动画"选项卡的"动画"组中单击其他按钮，在展开的预设动画库中选择退出动画效果。常用的退出效果有"飞出""随机线条""擦除"等。

更多退出动画效果，可以单击预设动画库下方的"更多退出效果"链接，打开"更改退出效果"对话框，如图 4-36 所示。

图 4-34　更改进入效果　　　　图 4-35　更改强调效果　　　　图 4-36　更改退出效果

（4）动作路径效果

动作路径效果可以指定文本、图片等对象沿预定的路径运动。选择要添加动画的对象，在"动画"选项卡的"动画"组中单击其他按钮，在展开的预设动画库中选择"动作路径"效果。常用的"动作路径"效果有"直线"、"形状"、"自定义路径"等。

"自定义路径"命令可以在幻灯片中拖动鼠标绘制出需要的图形，双击左键可以结束绘制，动作路径即出现在幻灯片中。绘制完的动作路径起始端显示一个绿色的标志，结束端显示一个红色的标志，两个标志以一条虚线连接。

更多动作路径动画效果可以单击预设动画库下方的"其他动作路径"链接，打开"更改动作路径"对话框，如图 4-37 所示。

2. 动画选项卡和动画窗格

幻灯片中对象添加动画效果后，在"动画"选项卡功能区，可以进一步编辑动画的开始方式、持续时间、延迟等。

在"动画"选项卡的"高级动画"组中单击"动画窗格"按钮，在屏幕右边出现"动画窗格"，如图 4-38 所示，其中可以看到当前幻灯片所设置的全部动画效果列表。

动画的设置：在"动画窗格"，单击某个动画效果右边的黑色小三角，或者在某个动画效果的快捷菜单中可进行动画效果设

图 4-37　更改动作路径

置，如单击开始、效果选项、计时等设置；双击某个动画效果，可显示该动画效果的"效果设置"对话框，可进行动画效果的详细设置。图 4-39 是"擦除效果设置"对话框。

动画的预览：在"动画"选项卡中单击"预览"按钮，可以在幻灯片编辑窗格预览动画播放效果。

动画的删除：在"动画窗格"，单击某个动画效果右边的黑色小三角或者在某个动画效果的快捷菜单中选择"删除"，即可将该动画效果去除；选中某个动画效果，按 Delete 键，也可删除该动画效果。

图 4-38 动画窗格

图 4-39 "效果设置"对话框

更改动画顺序：在"动画"选项卡或者"动画窗格"中，单击"向前移动"按钮▲和"向后移动"按钮▼，可以调整动画效果的播放顺序。

同一个对象添加多个动画：选择要添加动画的对象，在"动画"选项卡的"高级动画"组中单击"添加动画"按钮，在展开的列表中选择动画效果，可以为对象添加新的动画。

3．**动画刷**

使用动画刷可以复制动画。在幻灯片中，选择需要复制动画的对象，在"动画"选项卡的"高级动画"组中单击"动画刷"按钮，此时鼠标指针旁出现一个扫帚形，单击需要应用前面复制动画效果的对象，完成复制功能。

4.4.2 任务案例："道德讲堂"幻灯片的动画制作

【案例 4-6】 用 PowerPoint 2013 制作具有动画效果的"道德讲堂"幻灯片。

【操作步骤】

<1> 打开本章素材文件夹下演示文稿文件"道德讲堂.pptx"。

<2> 在"动画"选项卡的"高级动画"组中单击"动画窗格"按钮，在屏幕右边出现的"动画窗格"。

<3> 左侧"卷轴"动画。在幻灯片编辑窗格中选中左侧"卷轴"图片，在"动画"选项卡的"动画"组中单击其他按钮，在展开的预设动画库中选择"动作路径"中的"直线"动画效果；在"动画"选项卡的"效果选项"中设置动画方向为"靠左"；调整动画结束端的红色的标志，使结束位置为幻灯片最左端；在"动画"选项卡中设置"开始"为"上一动画之后"，持续时间为"3 秒"。

<4> 右侧"卷轴"打开动画。选中右侧"卷轴"图片，在"动画"选项卡的预设动画库中，选择"动作路径"中的"直线"动画效果；在"效果选项"中设置动画方向为"靠右"；调整动画结束端的红色的标志，使结束位置为幻灯片最右端；在"动画"选项卡中设置"开始"为"与上一动画同时"，持续时间为"3 秒"。

<5> 左侧"背景图"擦除动画。选中左侧"背景图"图片，在"动画"选项卡的预设动画库中，选择"进入"中的"擦除"动画效果；在"效果选项"中设置动画方向为"自右侧"；设置"开始"为"与上一动画同时"，持续时间为"3 秒"。

<6> 右侧"背景图"擦除动画。选中右侧"背景图"图片，在"动画"选项卡的预设动画库中，选择"进入"中的"擦除"动画效果；在"效果选项"中设置动画方向为"自左侧"；设置"开始"为"与上一动画同时"，持续时间为"3 秒"。

<7> 左侧"笔筒图书图"飞入动画。选中左侧"笔筒图书图"图片，在"动画"选项卡的预设动画库中，选择"进入"中的"飞入"动画效果；在"效果选项"中设置动画方向为"自底部"；设置"开始"为"上一动画之后"，持续时间为"1 秒"。

<8> 中间"扇面图"进入动画。选中中间"扇面图"图片，在"动画"选项卡的预设动画库中，选择"进入"中的"擦除"动画效果；在"效果选项"中设置动画方向为"自左侧"；设置"开始"为"上一动画之后"，持续时间为"2 秒"。

<9> "道德讲堂"文字进入动画。选中"道德讲堂"文字图片，在"动画"选项卡的预设动画库中，选择"进入"中的"擦除"动画效果；在"效果选项"中设置动画方向为"自左侧"；设置"开始"为"与上一动画同时"，持续时间为"2 秒"，延迟为"1 秒"。

<10> "名言"文字进入动画。选中"积善之家必有余庆，积恶之家必有余秧"文字图片，在"动画"选项卡的预设动画库中，选择"进入"中的"劈裂"动画效果；在"效果选项"中设置动画方向为"中央向左右展开"；设置"开始"为"上一动画之后"，持续时间为"1 秒"。

<11> "河南工学院计算机科学与技术系"文字进入动画。选中该文本框，在"动画"选项卡的预设动画库中，选择"进入"中的"弹跳"动画效果；设置"开始"为"上一动画之后"，持续时间为"2 秒"。

<12> "蝴蝶"飞入动画。在幻灯片编辑区域外有 3 个"蝴蝶"图片，选中某一个"蝴蝶"图片，在"动画"选项卡的预设动画库中，选择"动作路径"中的"自定义路径"动画效果；在"效果选项"中设置动画类型为"自由曲线"；在幻灯片上，自"蝴蝶"图片位置，绘制一条曲线路径；设置"开始"为"与上一动画同时"，持续时间为"3 秒"，延迟为"1 秒"。第 2 个"蝴蝶"图片飞入动画设置方法同上，延迟为"1.5 秒"。设置第 3 个"蝴蝶"图片飞入动画,延迟为"2秒"。

<13> 在"动画"选项卡中单击"预览"按钮,在幻灯片编辑窗格预览动画播放效果,如图4-40所示。

图4-40 "道德讲堂"幻灯片

<14> 另存演示文稿文件为"道德讲堂-动画.pptx"。

任务4.5 放映演示文稿

4.5.1 知识导读:幻灯片的切换和放映

演示文稿制作完毕后,接下来的工作就是放映了。

1. 幻灯片切换效果

幻灯片切换效果是指放映幻灯片中一张幻灯片切换到另一张幻灯片时屏幕的变化效果,包括切换效果、切换速度、伴随声音和换片方式。幻灯片切换效果设置可使用"切换"选项卡功能区相关按钮,如图4-41所示。

图4-41 "切换"选项卡

添加切换效果:选择要添加切换效果的幻灯片,在"切换"选项卡的"切换到此幻灯片"组中单击其他按钮,展开的预设"切换效果"库如图4-42所示,从中选择所需的切换效果。常用的切换效果有"淡出"、"百叶窗"、"随机"等。

设置"效果选项":设置不同的幻灯片切换效果后,在"切换"选项卡的"效果选项"中会显示不同的内容,根据需要进行设置。

图 4-42 预设"切换效果"库

设置切换"声音":在"切换"选项卡的"计时"组中的"声音"下拉列表中选择所需的声音,常用的有"风铃"、"打字机"等。

设置"持续时间":在"切换"选项卡的"持续时间"文本框中输入或选择持续时间,以秒为单位,可设置幻灯片切换使用的时间。

设置"全部应用":幻灯片切换设置默认是当前幻灯片的切换效果,如果希望演示文稿中所有幻灯片的切换效果都相同,可以单击"切换"选项卡中的"全部应用"按钮。既要简化操作,又想丰富切换效果时,常将"随机"切换效果全部应用到演示文稿各幻灯片。

设置"换片方式":选择要设置的幻灯片(可以是多张幻灯片),在"切换"选项卡的"换片方式"中勾选"单击鼠标时",可设置幻灯片放映时单击鼠标切换到下一张幻灯片;勾选"设置自动换片时间",并在之后的文本框中输入或选择时间,以秒为单位,可设置幻灯片放映时指定时间后自动换片,实现幻灯片的自动播放效果。

预览切换效果:单击"切换"选项卡的"预览"按钮,在幻灯片编辑窗格可预览当前幻灯片的切换效果。

2. 设置放映方式

在"幻灯片放映"选项卡(如图 4-43 所示)的"设置"组中单击"设置幻灯片放映"按钮,弹出"设置放映方式"对话框,如图 4-44 所示,从中可以设置放映类型、放映范围、放映选项、换片方式等。

3. 幻灯片放映

在"幻灯片放映"选项卡的"开始放映幻灯片"组中单击"从头开始"按钮,实现从演示文稿中第一张幻灯片开始放映;单击"从当前幻灯片开始"按钮,实现从演示文稿的当前幻灯片开始放映。在"快速访问工具栏"中单击"从头开始"按钮,可实现从演示文稿中第一张幻灯片开始放映;在窗口下方"视图切换按钮"中单击放映按钮,可实现从演示文稿的当前幻灯片开始放映。

图 4-43 "幻灯片放映"选项卡

图 4-44 "设置放映方式"对话框

4.5.2 任务案例:"诗词赏析"演示文稿的切换和放映

【**案例 4-7**】 用 PowerPoint 2013 设置"诗词赏析"演示文稿的切换和放映。
【**操作步骤**】

<1> 打开本章素材文件夹下演示文稿文件"诗词赏析.pptx"。

<2> 在"大纲/幻灯片"窗格选中第 1 张幻灯片,在"切换"选项卡的"切换到此幻灯片"组中单击其他按钮▼,在展开的预设"切换效果"库中设置切换效果为"细微型"中的"分割",设置"效果选项"为"从中央向左右展开",设置声音为"鼓掌",持续时间为"1.5"秒,换片方式为"单击鼠标时";单击"切换"选项卡的"预览"按钮,预览幻灯片切换效果。

<3> 在"大纲/幻灯片"窗格选中第 2 张幻灯片,在"切换"选项卡的预设"切换效果"库中设置切换效果为"华丽型"中的"百叶窗",设置"效果选项"为"垂直",默认声音为"无声音",设置持续时间为"1.5"秒,换片方式为"单击鼠标时";单击"切换"选项卡的"预览"按钮,预览幻灯片切换效果,如图 4-45 所示。

图 4-45 百叶窗切换效果

<4> 选中第 3 张幻灯片，设置切换效果为"华丽型"中的"随机"，默认声音为"无声音"，设置持续时间为"1.5"秒，换片方式为"单击鼠标时"和"设置自动换片时间"为 3 秒。

<5> 选中第 4 张幻灯片，设置切换效果为"动态内容"中的"旋转"，设置"效果选项"为"自底部"，设置持续时间为"2"秒，换片方式为"单击鼠标时"和"设置自动换片时间"为 3 秒。

<6> 在"快速访问工具栏"中单击"从头开始"按钮，从演示文稿中第一张幻灯片开始放映，观看切换和放映效果；

<7> 另存演示文稿文件为"诗词赏析-切换.pptx"。

4.5.3 知识拓展：超链接和动作按钮

通过使用超链接和动作按钮，可以实现幻灯片与幻灯片之间、幻灯片与其他外界文件之间、幻灯片与网页之间的自由转换。

1．超链接

（1）插入超链接

先选择要插入超链接的文本或对象。在"插入"选项卡的"链接"组中单击"超链接"按钮，弹出"插入超链接"对话框，如图 4-46 所示，从中设置超链接目标。

图 4-46 "插入超链接"对话框

目标为同一演示文稿中的幻灯片：在"链接到"列表中单击"本文档中的位置"，在"请选择文档中的位置"下单击目标幻灯片。

目标为不同演示文稿中的幻灯片：在"链接到"列表中单击"现有文件或网页"，找到包含要链接到的幻灯片的演示文稿，单击"书签"，然后单击要链接到的幻灯片。

目标为电子邮件地址：在"链接到"列表中单击"电子邮件地址"，在"电子邮件地址"框中输入要链接到的电子邮件地址，或在"最近用过的电子邮件地址"框中单击电子邮件地址，在"主题"框中输入电子邮件的主题。

目标为 Web 上的页面或文件：在"链接到"列表中单击"现有文件或网页"，然后在"地址"中输入要链接到的页面或文件地址。

新文件：在"链接到"列表中单击"新建文档"，设置要创建并链接到的文件的路径和名称，并可直接编辑新文档。

完成上述设定后,单击"确定"按钮,即插入了超链接。

(2)编辑和删除超链接

对于已插入的超链接,可以通过选中已插入的超链接对象,单击"插入"选项卡的"超链接"按钮,在弹出的"编辑超链接"对话框中更改超链接设置或删除超链接。

2.动作按钮

(1)添加特定动作

选择要添加动作按钮的幻灯片,在"插入"选项卡的"插图"组中单击"形状",展开的"形状"库中的最后一类形状是 PowerPoint 2013 预置的一组带有特定动作的图像按钮,如图 4-47 所示;单击要添加的动作按钮,在幻灯片上的某个位置单击,或者鼠标拖动绘制按钮,弹出"操作设置"对话框,如图 4-48 所示,在"单击鼠标"选项卡或"鼠标悬停"选项卡中可完成特定动作效果的设定。

图 4-47 预置动作按钮　　　　图 4-48 "操作设置"对话框

(2)自定义动作

在要添加动作按钮的幻灯片,插入要作为动作按钮的图片、形状或文本框,选中对象,在"插入"选项卡的"链接"组中单击"动作"按钮,弹出"操作设置"对话框,通过"单击鼠标"选项卡或"鼠标悬停"选项卡的设置来完成动作效果的设定。

任务 4.6　综合案例:多媒体短片"我的家乡"制作

【案例 4-8】 用 PowerPoint 2013 制作多媒体短片"我的家乡"。

首先创建新演示文稿,通过母版统一演示文稿的风格,如背景和字体等;然后创建标题幻灯片及其后的几张内容幻灯片,并添加文本及插入图片,设置其中文本框和图片的大小和位置,并应用动画效果;设置演示文稿的切换效果和背景音乐;最后,将演示文稿以视频格式输出。

本案例的目的是创建一份有关向全球推介河南的多媒体演示文稿短片"我的家乡",最终完成效果如图 4-49 所示。应用 PowerPoint 2013 制作多媒体短片演示文稿的制作流程如下。

图 4-49 多媒体短片"我的家乡"完成效果

任务 4.6.1 通过母版设置演示文稿统一的风格

任务要求:

标题版式幻灯片的字体格式	标题占位符:字体"华文琥珀"、字号"60"、字体颜色"蓝色";文本框形状填充"渐变填充"、预设渐变"浅色渐变-着色 3"、透明度"35";文本框形状轮廓"实线"、颜色"白色"、宽度"12 磅";文本效果"阴影"→"右下斜偏移"
幻灯片背景	参考本章素材文件"河南.jpg"或自行选择与幻灯片主题相关图片素材
标题和内容版式幻灯片的字体和段落格式	标题占位符:字体"微软雅黑"、字号"44"、字体颜色"黑色"、加粗;文本框形状填充"渐变填充"、预设渐变"浅色渐变-着色 3"、透明度"35";文本效果"阴影"→"右下斜偏移" 内容占位符:文本框形状填充"渐变填充"、预设渐变"浅色渐变,着色 3"、透明度"35" 第一级文本字体"微软雅黑"、字号"24"、字体颜色"黑色"、段前和段后"6 磅";第二级文本字体"微软雅黑"、字号"20"、字体颜色"黑色"、段前和段后"3 磅";第三级、第四级和第五级文本字号分别为"18"、"16"、"14",其他设置同前;全体文本的项目符号列表样式为"带填充效果的圆形项目符号",颜色为"蓝色" 页眉和页脚:页脚显示可以自动更新的日期以及内容为"我的家乡-河南"的页脚(标题幻灯片中不要显示)

操作步骤如下:

<1> 新建一个空白演示文稿,保存文件名为"我的家乡.pptx"。

<2> 单击"视图"选项卡的"幻灯片母版"按钮,在功能区的"开始"选项卡的左侧出现一个"幻灯片母版"选项卡。

<3> 在左侧"大纲/幻灯片"窗格中,选中母版窗格中的主母版(第一个母版);单击"幻灯片母版"选项卡的"背景样式"→"设置背景格式";在打开的"设置背景格式"任务窗格的"填充"选项卡中,选中"图片或纹理填充";再单击"文件"按钮,在打开的"插入图片"对话框中打开本章素材图片所在文件夹,并选中图片"河南.jpg",单击"插入"按钮,完成

背景图片的插入。可以看到，母版已经被设置为所需背景。

　　<4> 在左侧"大纲/幻灯片"窗格中选中"标题幻灯片版式"的母版；选中右侧幻灯片编辑区"单击此处编辑母版标题样式"占位符，在"开始"选项卡的"字体"组中设置占位符中的文本字体"华文琥珀"、字号"60"、字体颜色"蓝色"；仍然选中标题占位符文本框，单击"格式"选项卡，显示的是"绘图工具"，再单击"形状样式"按钮组展开，窗口右侧出现"设置形状格式"任务窗格，从中设置形状填充为"渐变填充"、预设渐变为"浅色渐变 - 着色 3"、透明度为"35"，继续设置形状轮廓为"实线"、颜色"白色"、宽度"12 磅"；在"绘图工具 - 格式"选项卡中选择文本效果"阴影"，设置为外部"右下斜偏移"；在编辑窗口中选中"单击此处编辑母版副标题样式"占位符，按 Delete 键，删除副标题。

　　<5> 在左侧"大纲/幻灯片"窗格中选中母版窗格中的主母版（第一个母版），与前面的方法相同，对"标题"占位符中的文本格式按任务要求进行设置，字体为"微软雅黑"、字号"44"、字体颜色"黑色"、加粗，文本框形状填充"渐变填充"、预设渐变"浅色渐变 - 着色 3"、透明度"35"，文本效果为"阴影"→"右下斜偏移"。

　　<6> 在主母版中继续设置内容占位符中的文字。第一级文本字体"微软雅黑"、字号"24"、字体颜色"黑色"、段前和段后"6 磅"；第二级文本字体"微软雅黑"、字号"20"、字体颜色"黑色"、段前和段后"3 磅"；第三级、第四级和第五级文本字号分别为"18"、"16"、"14"，其他设置同前。选中内容占位符文本框，在"绘图工具 - 格式"选项卡中，单击"形状样式"按钮组，窗口右侧出现"设置形状格式"任务窗格，从中设置形状填充为"渐变填充"、预设渐变为"浅色渐变 - 着色 3"、透明度为"35"；选中内容占位符文本框，在"开始"选项卡中单击"项目符号"展开按钮，选择"项目符号和编号"，弹出"项目符号和编号"对话框，从中设置项目符号样式为"带填充效果的圆形项目符号"，颜色为"蓝色"。然后单击"确定"按钮。

　　<7> 在主母版中，单击"插入"选项卡的"页眉和页脚"按钮，打开"页眉和页脚"对话框，在"幻灯片"选项卡中勾选"日期和时间"复选框，然后选中下方的"自动更新"选项，勾选"页脚"复选框，然后在下方的文本框中输入文本"我的家乡-河南"；再勾选"标题幻灯片中不显示"复选框，单击"全部应用"按钮；在幻灯片编辑窗口中选择页脚文本，更改字体为"宋体"、字号"16"、加粗、字体颜色"白色"。

　　<8> 单击"幻灯片母版"选项卡"关闭母版视图"按钮，保存文件"我的家乡.pptx"。

4.6.2　设计标题幻灯片的文本和图片格式

　　任务要求：

标题幻灯片		
版式	标题幻灯片	
标题文本	我的家乡	
标题占位符	高度：5.5 厘米；宽度：16 厘米；水平位置：8 厘米（自左上角）；垂直位置：6.5 厘米（自左上角）	
动画	标题占位符	
	进入动画：飞入；强调动画：跷跷板；开始时间：上一动画之后	

　　操作步骤如下：

　　<1> 选中"标题"幻灯片中的"标题"占位符，在"绘图工具 - 格式"选项卡中单击"形状样式"按钮组，窗口右侧出现"设置形状格式"任务窗格，单击"大小属性"选项卡，在

"高度"文本框中输入"5.5 厘米",在"宽度"文本框中输入"16 厘米";展开"位置"选项卡,水平位置为"8 厘米"、"从左上角",垂直位置为"6.5 厘米"、"从左上角"。

<2> 调整完毕大小和位置后,在"标题"占位符中输入文本"我的家乡"。

<3> 选中"标题"占位符,单击"动画"选项卡中的"动画窗格"按钮,在编辑窗口右侧打开"动画窗格",单击"动画"选项卡中的"添加动画"下拉按钮,选择进入动画为"飞入",在"动画"选项卡设置"开始"为"上一动画之后";再单击"动画"选项卡中的"添加动画"下拉按钮,选择强调动画为"跷跷板",在"动画"选项卡中设置"开始"为"上一动画之后"。

<4> 保存文件"我的家乡.pptx",标题幻灯片效果如图 4-50 所示。

图 4-50 标题幻灯片效果

4.6.3 设计内容幻灯片的文本和图片格式

任务要求:

第 2 张幻灯片	
版式	两栏内容
标题文本	河南,五千年文明!
内容文本	参考本章素材文件"我的家乡.docx"
插入第一张图片	参考本章素材文件"河南 6.jpg" 高度:7.32 厘米;宽度:13 厘米;水平位置:17.42 厘米(自左上角);垂直位置:0 厘米(自左上角)
插入第二张图片	参考本章素材文件"河南 13.jpg" 高度:7.32 厘米;宽度:13 厘米;水平位置:20.74 厘米(自左上角);垂直位置:5.07 厘米(自左上角)
插入第三张图片	参考本章素材文件"河南 15.jpg" 高度:6.58 厘米;宽度:13 厘米;水平位置:17.42 厘米(自左上角);垂直位置:11.65 厘米(自左上角)
动画	标题占位符　　进入动画:劈裂;开始时间:上一动画之后 内容占位符　　进入动画:浮入,上浮,按段落出现;开始时间:上一动画之后 第一张图片　　进入动画:淡出;开始时间:上一动画之后 第二张图片　　进入动画:淡出;开始时间:上一动画之后 第三张图片　　进入动画:淡出;开始时间:上一动画之后
第 3 张幻灯片	
版式	两栏内容
标题文本	河南是最美的!

内容文本	参考本章素材文件"我的家乡.docx"
插入图片	参考本章素材文件"河南2.jpg" 高度：16.56厘米；宽度：13.5厘米；水平位置：18.38厘米（自左上角）；垂直位置：1.01厘米（自左上角）
动画	标题占位符　进入动画：淡出；开始时间：上一动画之后 内容占位符　进入动画：浮入，上浮，按段落出现；开始时间：上一动画之后 图片　　　　进入动画：形状；开始时间：上一动画之后
第4张幻灯片	
版式	两栏内容
标题文本	丝绸之路
内容文本	参考本章素材文件"我的家乡.docx"
插入第一张图片	参考本章素材文件"河南8.jpg" 高度：7.32厘米；宽度：13厘米；水平位置：17.42厘米（自左上角）；垂直位置：0厘米（自左上角）
插入第二张图片	参考本章素材文件"河南9.jpg" 高度：7.32厘米；宽度：13厘米；水平位置：20.74厘米（自左上角）；垂直位置：5.07厘米（自左上角）
插入第三张图片	参考本章素材文件"河南10.jpg" 高度：6.58厘米；宽度：13厘米；水平位置：17.42厘米（自左上角）；垂直位置：11.65厘米（自左上角）
动画	标题占位符　进入动画：劈裂；开始时间：上一动画之后 内容占位符　进入动画：浮入，上浮，按段落出现；开始时间：上一动画之后 第一张图片　进入动画：淡出；开始时间：上一动画之后 第二张图片　进入动画：淡出；开始时间：上一动画之后 第三张图片　进入动画：淡出；开始时间：上一动画之后
第5张幻灯片	
版式	垂直排列标题与文本
标题文本	新时代的中国：与世界携手　让河南出彩
内容文本	删除内容文本框
插入张图片	参考本章素材文件"河南23.jpg" 高度：19.26厘米；宽度：14.42厘米；水平位置：15.61厘米（自左上角）；垂直位置：0厘米（自左上角）
动画	标题占位符　进入动画：淡出；开始时间：上一动画之后 图片　　　　进入动画：缩放；效果选项：对象中心；开始时间：与上一动画同时
第6张幻灯片	
版式	标题幻灯片
标题文本	河南欢迎您！
动画	标题占位符　进入动画：淡出；强调动画：放大/缩小 　　　　　　效果选项：方向为"两者"，效果为"较大"；开始时间：上一动画之后

操作步骤如下：

<1> 新建第2张幻灯片，在"开始"选项卡的"幻灯片版式"中蛋卷机"两栏内容"，设置当前幻灯片为"两栏内容"版式；输入标题文本"河南，五千年文明！"；内容文本可复制本章素材文件"我的家乡.docx"中的相应文字；插入图片"河南6.jpg""河南13.jpg""河南15.jpg"，选中图片，在"图片工具-格式"选项卡，单击"大小"按钮组的扩展按钮，打开"设置图片格式"任务窗格，按照任务要求设置图片的大小和位置；依次对"标题"占位符、"内容"占位符以及所插入图片按照任务要求，添加动画并设置动画的开始时间，添加的方法与在"标题"幻灯片中为占位符和图片添加动画的方法相同；添加完动画后，选中"内容"占位符，然后单击"动画"选项卡的"效果选项"下拉按钮，确认"内容"占位符的切入动画效果是由底部按段落出现；第2张幻灯片效果如图4-51所示。

<2> 新建第3张幻灯片，设置版式为"两栏内容"，输入标题文本"河南是最美的！"；内容文本可复制本章素材文件"我的家乡.docx"中的相应文字；插入图片"河南2.jpg"，并按照任务要求设置图片的大小和位置，添加动画效果；第3张幻灯片效果如图4-52所示。

图 4-51　第 2 张幻灯片效果

图 4-52　第 3 张幻灯片效果

<3> 新建第 4 张幻灯片，设置版式为"两栏内容"，输入标题文本"丝绸之路"；内容文本可复制本章素材文件"我的家乡.docx"中的相应文字；插入图片"河南 8.jpg""河南 9.jpg""河南 10.jpg"，并按照任务要求设置图片的大小和位置，添加动画效果；第 4 张幻灯片效果如图 4-53 所示。

<4> 新建第 5 张幻灯片，设置版式为"垂直排列标题与文本"，输入标题文本"新时代的中国：与世界携手　让河南出彩"；删除内容文本框；插入图片"河南 23.jpg"，并按照任务要求设置图片的大小和位置，添加动画效果；第 5 张幻灯片效果如图 4-54 所示。

<5> 新建第 6 张幻灯片，设置版式为"标题幻灯片"，输入标题文本"河南欢迎您！"；添加进入动画效果"淡出"和强调动画效果"放大/缩小"，设置效果选项方向为"两者"、效果为"较大"。第 6 张幻灯片效果如图 4-55 所示。

<6> 保存文件"我的家乡.pptx"。

4.6.4　设置切换和背景音乐

任务要求：

幻灯片切换	动画：淡出；自动换片时间：10 秒；应用幻灯片：全部
背景音乐	文档：参考本章素材文件"相亲相爱一家人.mp3"或与幻灯片主题相关背景音乐 选项：放映时隐藏、循环播放直到停止、跨幻灯片播放、自动播放

图 4-53 第 4 张幻灯片效果

图 4-54 第 5 张幻灯片效果

图 4-55 第 6 张幻灯片效果

操作步骤如下:

<1> 在"切换"选项卡的"切换到此幻灯片"列表框中单击"淡出"动画;在"切换"选项卡中勾选"设置自动换片时间"复选框,并在右侧文本框中输入"10";单击"全部应用"

按钮。

<2> 在第 1 张幻灯片中，单击"插入"选项卡的"音频"下拉按钮，在下拉菜单中单击"PC 上的音频"，打开"插入音频"对话框，选中本章素材文件"相亲相爱一家人.mp3"，单击"插入"按钮，幻灯片中添加了音频图标。

<3> 选定幻灯片中的音频图标，在"音频工具-播放"选项卡中勾选"放映时隐藏"、"跨幻灯片播放"、"循环播放，直到停止"复选框，然后在"开始"下拉列表框中选择"自动"。

<4> 保存文件"我的家乡.pptx"。

4.6.5 发布演示文稿为多媒体短片

任务要求：

输出文件	类型：MP4 视频；文件名：我的家乡.mp4

操作步骤如下：

<1> 单击"文件"菜单中的"导出"命令，在"文件类型"列表中选择"创建视频"。

<2> 单击"创建视频"按钮，输入文件名"我的家乡.mp4"，单击"保存"按钮。

任务 4.7　练一练："自我风采展示"演示文稿制作

1. 目的

（1）掌握主题、母版、版式和占位符等基本概念，理解他们的用途和使用方法。

（2）掌握在幻灯片中插入各种对象（如文本、图片等）的方法。

（3）掌握动画的添加和设置方法。

（4）掌握多媒体对象的插入和设置方法。

（5）学会幻灯片的放映方法，理解不同的显示方式。

2. 操作要求

演示文稿内容	结合自身实际，创建"自我风采展示"演示文稿
幻灯片	数量：不少于 6 张；主题：平面 页眉和页脚：显示可以自动更新的日期以及内容为"学号+姓名"的页脚（标题幻灯片中不要显示） 切换方式：不少于 4 种；自动换片时间：8 秒
插入图片	文档：可自行选择与幻灯片主题内容相关的图片素材；数量：不少于 3 张
动画效果	结合每张幻灯片内容，每张幻灯片设置不少于 3 种的动画效果
背景音乐	文档：可自行选择与幻灯片主题内容相关的背景音乐素材 选项：放映时隐藏、循环播放直到停止、跨幻灯片播放、自动播放
输出文件	类型：MP4 视频；文件名：学号+姓名.mp4；文件路径：自定义

习 题 4

1. 简答题

（1）PowerPoint 2013 中如何插入、删除幻灯片？如何复制、移动幻灯片？

（2）PowerPoint 2013 中如何创建电子相册？

2. 上机题

请按以下要求使用 PowerPoint 2013 制作一份图文并茂的"班级介绍"演示文稿。
(1) 幻灯片主题：丝状。
(2) 幻灯片数量不少于 5 张，幻灯片切换方式不少于 3 种。
(3) 演示文稿中图片不少于 3 张，同学们可自行选择与幻灯片主题相关的图片素材。
(4) 每张幻灯片中动画效果不少于 3 种。
(5) 将文档以"班级介绍.pptx"命名并保存在自定义目录下。

第 5 章 计算机网络技术应用
Chapter 5

本章学习目标

- 了解计算机网络的定义。
- 了解计算机网络的分类。
- 了解计算机网络的拓扑结构。
- 掌握局域网组建的基本方法。
- 熟悉 Internet 的常见应用。
- 掌握网络安全防范措施。

  计算机网络是计算机技术和通信技术紧密结合的产物，在当今社会经济中起着非常重要的作用，为现代信息技术的发展做出了巨大贡献。现在，计算机网络已经成为人们社会生活中不可缺少的一个重要组成部分，并不断改变着人类的生存方式，计算机网络应用已经深入各领域。

任务 5.1 计算机网络基础

5.1.1 知识导读：计算机网络简介

1．计算机网络的起源和发展

计算机网络是计算机技术与通信技术发展的产物，在社会的需求和用户的应用促进下发展起来的。1946 年，世界上第一台电子计算机产生，在以后的几年里，计算机只能支持单用户使用，计算机的所有资源也只能为单个用户占用。随着计算机应用的发展，出现了多台计算机互连的需求。这种需求主要来自军事、科学研究、地区与国家经济信息分析决策、大型企业经营管理。他们希望将分布在不同地点的计算机通过通信线路互连为计算机—计算机网络。网络用户可以通过计算机使用本地计算机的软件、硬件和数据资源，也可以使用联网的其他地方的计算机软件、硬件和数据资源，以达到计算机资源共享的目的。这一阶段研究的典型代表是美国国防部高级研究计划局（ARPA）的 ARPANET（通常称为 ARPA 网），ARPANET 的出现标志了世界上第一个计算机网络的诞生。

ARPANET 的研究成果对推动计算机网络发展的意义是深远的。在它的基础之上，计算机网络发展十分迅速，出现了大量的计算机网络。目前，计算机网络向互连、高速、智能化方向发展，并获得广泛的应用，主要特征为：面向更多新应用的高速、智能化的计算机网络。

2．计算机网络的定义

计算机网络是指，通过通信设备和通信线路，将分布在不同地理位置且功能独立的多个计算机系统相互连接起来，按照相同的通信协议，在网络操作系统的管理和控制下，实现资源共享和高速通信的系统。

一般来讲，计算机网络构成的要素如下：

- 两台或两台以上功能独立的计算机互连起来，以达到相互通信的目的。
- 计算机之间要用通信设备和传输介质连接起来。
- 计算机之间通信要遵守相同的网络通信协议。
- 具备网络软件、硬件资源管理功能，以达到资源共享的目的。

3．计算机网络的分类

由于计算机网络自身的特点，对其划分也有多种形式，如可以按网络的作用范围、网络的传输技术方式等划分。

按网络覆盖的地理范围，计算机网络可分为局域网、城域网和广域网。三者之间的差异主要体现为覆盖范围和传输速度。

（1）局域网（Local Area Network，LAN）

局域网是计算机通过高速线路相连组成的网络，一般限定在较小的区域内，如图 5-1 所示。局域网通常安装在一个建筑物或校园（园区）内，覆盖的地理范为几十米至几千米，如一个办公室、一个实验室、一栋大楼、一个大院或一个单位。

局域网的传输速率较高，从 10Mb/s 到 100Mb/s，甚至可达 1Gb/s 和 10Gb/s。局域网主要用来构建一个单位的内部网络，如学校的校园网（如图 5-1 所示）、企业的企业网等。局域网通常属单位所有，单位拥有自主的设计、建设和管理权，以共享网络资源为主要目的，如共享打印机和数据库。

图 5-1　某学校的局域网

局域网的主要特点如下：
- 建设单位自主规划、设计、建设和管理。
- 传输速度高，但网络覆盖范围有限。
- 主要面向单位内部提供各种服务。

（2）城域网（Metropolitan Area Network，MAN）

城域网一般限定在一座城市的范围内，覆盖的地理范围从几十千米到数百千米，传输速度为 64 kb/s～10 Gb/s。城域网主要指城市范围内的政府部门、大型企业、事业单位、学校、公司、ISP、电信部门、有线电视台等，通过市政府构建的专用网络和公用网络连接起来，可以实现大量用户的多媒体信息共享，并提供电子政务和电子商务平台功能等。

城域网的主要特点如下：
- 建设城市自主规划、设计、建设和管理。
- 传输速度较高，网络覆盖范围局限在一个城市。
- 面向一个城市或一个城市的某系统内部提供电子政务、电子商务服务。

（3）广域网（Wide Area Network，WAN）

广域网其覆盖范围很大，从数百千米到数千千米，可以是一个地区或一个国家，甚至世界几大洲，故又称为远程网。广域网通常利用电信部门提供的各种公用交换网，将分布在不同地区的计算机系统互相连接起来，达到资源共享的目的。广域网最典型的例子就是因特网（Internet）。

广域网的主要特点如下：
- 建设涉及国际组织或机构。
- 网络覆盖范围没有限制。
- 由于长距离的数据传输，容易出现错误。
- 传输速度受限。
- 管理复杂，建设成本高。

按网络的传输方式划分，计算机网络分为点对点网络、广播式网络。

（1）点对点网络

点到点网络（Point to Point Network）的特点是，两台计算机之间通过一条物理线路连接。若两台计算机之间没有直接连接的线路，分组可能通过一个或多个中间节点的接收、存储、转发，才能将分组从信源发送到目的地。由于连接多台计算机之间的线路结构可能非常复杂，存在多条路由，因此在点到点网络中如何选择最佳路径显得特别重要。

（2）广播式网络

广播式网络（Broadcast Network）的特点是，仅有一条通信信道，网络上的所有计算机都共享这个通信信道。当一台计算机在信道上发送分组或数据包时，网络中的每台计算机都会收到这个分组，并且将自己的地址与分组中的目的地址进行比较，如果相同，则处理该分组，否则将它丢弃。

4．计算机网络的功能和应用

由计算机网络的定义可知，计算机网络的主要作用是实现资源共享和高速通信。资源共享是指所有网内的用户均能使用网络中各计算机系统的软件、硬件资源，资源共享和信息的高速传输给网络带来的好处是极大的。

（1）计算机网络的主要功能

① 数据通信，如电子邮件、网上聊天等。

② 资源共享。对于用户所在站点的计算机系统，无论硬件还是软件，性能总是有限的，用户可以像使用自己的个人计算机一样使用网络中的某台高性能计算机，来处理自己提交的某个大型的复杂任务，也可以使用网络的一台高速打印机来打印文档、报表等。更重要的资源是计算机软件、各种各样的数据库。

③ 提高安全性和可靠性。网络中一般不设中央计算机，各计算机的地位是平等的，因而整个网络不会因个别计算机的故障而瘫痪，提高了系统的可靠性。

④ 数据信息的集中和综合处理。分散在各地的计算机中的数据资料可以通过网络系统适时地集中或分级管理，经综合处理后形成的各种数据、图表，提供用户使用。

（2）计算机网络的主要应用

计算机网络是目前计算机应用的热点，随着信息时代的到来和需求的增加，计算机的普及应用和价格越来越低，更促进了计算机网络的应用迅速发展。其应用可归纳为下列几方面。

① 办公自动化。办公自动化系统是一个计算机网络，集计算机技术、数据库、局域网、声音、图像、文字等综合技术于一体。

② 电子数据交换。电子数据交换是将贸易、运输、保险、银行、海关等行业的信息用一种国际公认的标准格式，通过计算机网络通信，实现各企业之间的数据交换。

③ 远程教育。远程教育是一种利用在线教育服务系统开展学历或非学历教育的全新的教育形式。

④ 电子银行。电子银行也是一种在线服务系统，是一种由银行提供的基于计算机和计算机网络的新型金融服务系统。

⑤ 校园网。校园网是在学校区域内为学校教育教学提供资源共享、信息交流和协同工作的计算机网络信息系统。

⑥ 电子商务。电子商务是在因特网开放的网络环境下，基于浏览器/服务器（Web/Server）应用方式，实现消费者的网上购物、商户之间的网上交易和在线支付的一种新型的商业运营模式。

⑦ 现代化的通信方式。通过计算机网络实现电子邮件已很普及，远程计算机通信会议是一种新的通信方式。把多媒体技术纳入计算机网络，除文字信息外，声音、图像信息也在网络上传递，召开区域性或国际性会议如同身临其境。计算机网络技术将快速地推动现代通信技术和通信方式的发展和改变。

5. 网络的体系结构

要将不同类型、不同操作系统的计算机互连起来形成一个计算机网络，就必须有一定的网络体系结构。网络体系结构是分层的，相邻层之间必须规定相互传输信息的接口关系（层间服务），在同一层内通信双方要遵守相同的约定和规则（层间协议）。

国际标准化组织 ISO 将网络体系分为 7 层，从低到高分别为物理层、数据链路层、网络层、传输层、会话层、表示层和应用层，即 OSI/RM（Open Systems Interconnection Reference Model，开放系统互连参考模型）。

其中，物理层是最基本的通信信道，物理层协议规定的是通信双方相互连接的机械特性、电气特性、功能特性和控制规程，解决的是如何在通信信道上传送原始的二进制数据；链路层是在物理层提供服务的基础上为网络层提供服务，解决的是如何将数据无差错地从一方传输到另一方；网络层负责把数据从源主机通过通信子网正确无误地传送到目标主机，解决的是路由网络拥挤及流量控制的问题。

传输层、会话层、表示层和应用层是高层通信协议，通信双方在逻辑上与通信子网无关。其中，传输层完成主机－主机的连接和传输；会话层对会话进行管理和对会话进行同步控制服务；表示层处理的是用户信息的表示问题；应用层是网络系统与用户的接口，直接向用户提供各种服务，如 Web 服务、FTP 服务、电子邮件及远程登录等。

5.1.2 任务案例：了解校园网布局

计算机网络是计算机技术和通信技术紧密结合的产物，它的诞生使计算机体系结构发生了巨大变化，在当今社会经济中起着非常重要的作用，对人类社会的进步做出了巨大贡献。网络是计算机的一个群体，是由多台计算机组成的，这些计算机通过一定的通信介质互连在一起，它们彼此之间能够交换信息。计算机网络属于多机系统的范畴，是计算机和通信两大现代技术相结合的产物，代表着当前计算机体系结构发展的一个重要方向。本任务将从计算机网络的形成和发展开始，掌握计算机网络的基本概念、了理解计算机网络的功能。

【案例 5-1】 通过参观学校机房、网络中心，掌握计算机网络的定义，认识计算机网络的设备，增强对计算机网络功能的了解和认识。

【操作步骤】

<1> 到学校机房、网络中心，了解其计算机网络的结构。

<2> 观察每台计算机是如何进行网络通信的，认识计算机网络中的网络设备。

<3> 了解计算机网络的功能。

5.1.3 知识拓展：计算机网络的组成

计算机网络是由负责传输数据的网络传输介质和网络设备、使用网络的计算机终端设备和服务器以及网络操作系统组成的。

1. 网络传输介质

传输介质是网络中传输信息的物理通道，是不可缺少的物质基础。传输介质的性能对网络的通信、速度、距离、价格以及网络中的节点数和可靠性都有很大影响，因此必须根据网络的具体要求，选择适当的传输介质。

2. 网络设备

网络设备是构成计算机网络的一些部件，如网卡、调制解调器、中继器、网桥、交换机、路由器和网关等。独立工作的计算机是通过网络设备访问网络上的其他计算机。

网卡，又称为网络接口适配器，是计算机与传输介质的接口。每台服务器和网络工作站都至少配有一块网卡，通过传输介质将它们连接到网络上。网卡的工作是双重的：一方面，负责接收网络上传过来的数据包，解包后将数据通过主板上的总线传输给本地计算机；另一方面，将本地计算机上的数据打包后送入网络。

调制解调器（Modem），是利用调制解调技术来实现数据信号与模拟信号在通信过程中的相互转换。确切地说，调制解调器的主要工作是将数据设备送来的数据信号转换成能在模拟信道（如电话交换网）的模拟信号，也能将来自模拟信道的模拟信号转换为数据信号的一种信号变换设备。

中继器，工作在物理层，是两个网段或网络在物理层的连接，有信号的放大和整形作用，常用于连接同种网段或网络，以扩展网络的延伸距离。共享式集线器即典型的多端口中继器。

网桥，用于数据链路层上连接两个网络，是一种存储转发设备，可对信息帧进行筛选和过滤，达到适当隔离不需要传播的信息，从而改善网络的性能。因可不受 MAC 子层定时特性的限制，网桥可以比中继器更大范围地扩展局域网。二层交换式集线器（交换机）即一个典型的多端口网桥。

交换机，工作在数据链路层，有多个端口，每个端口都具有桥接功能，可以连接一个局域网或一台高性能服务器或工作站。所有端口由专用处理器进行控制，并经过控制管理总线转发信息。

路由器，网络层的互连设备，可以实现具有相同和不同类型的网络互连，有路由选择、拥挤控制、隔离等功能。路由器实现网络互连比网桥更优越，包括更强的异种网连接能力。路由器分为单协议和多协议两大类。

网关，在高层进行的互连设备，用于连接两个具有不同网络协议、不同类型的广域网，其主要应用是在电信运营商。

3. 网络终端与服务器

网络终端，也称为网络工作站，是使用网络的计算机、网络打印机等。在客户—服务器（Client/Server）网络中，客户机指网络终端。

网络服务器是被网络终端访问的计算机系统，通常是一台高性能的计算机，如大型机、小型机、UNIX 工作站。网络服务器是计算机网络的核心设备，网络中可共享的资源，如数据库、大容量磁盘、外部设备和多媒体节目等，通过服务器提供给网络终端。按照可提供的服务，服务器可分为文件服务器、数据库服务器、打印服务器、Web 服务器、电子邮件服务器、代理服务器等。

4．网络操作系统

网络操作系统是安装在网络终端和服务器上的软件。网络操作系统完成数据发送和接收所需的数据分组、报文封装、建立连接、流量控制、出错重发等工作。现在的网络操作系统都是随计算机操作系统一同开发的，是现代计算机操作系统的一个重要组成部分。

任务 5.2 局域网

计算机局域网技术对计算机信息系统的发展有很大影响。人们借助局域网这一资源共享平台可以方便地实现以下功能：共享存储和打印等硬件设备，共享公共数据库等各类信息和软件，向用户提供诸如电子邮件传输等高级服务。因此，它不仅广泛应用办公自动化、企业管理信息处理自动化以及金融、外贸、交通、商业、军事、教育等部门，随着通信技术的发展，在相关的领域中所起的作用也越来越大。本任务是了解局域网的特点和关键技术。

5.2.1 知识导读：局域网概述

1．局域网的特点

局域网（LAN）和广域网（WAN）一样，也是一种连接各种设备的通信网络，并为这些设备间的信息交换提供相应的路径。

与广域网相比，局域网有其自身的特点，主要有以下几个特点：

① 规划、建设、管理与维护的自主性强。局域网通常为一个单位或一个部门所有，不受其他网络规定的约定，易进行设备的更新和技术的更新，易于扩充，但要自己负责网络的管理和维护。

② 覆盖地理范围小。局域网的分布地理范围小，如一个学校、工厂、企事业单位，各节点距离一般较短。

③ 综合成本低。局域网覆盖范围有限，通信线路较短，网络设备相对较少，从而使得网络建设、管理和维护的成本相对较低。

④ 传输速率高。由于局域网通信线路较短，故可选用较高性能的传输介质做通信线路，通过较宽的频带，可以大幅提高通信速率，缩短延迟时间。目前，局域网的传输速率均在 100Mb/s 以上。

⑤ 误码率低，可靠性高。局域网通信线路短，其信息传输可以避免时延和干扰，因此时延低、误码率低。通常，局域网的误码率为 $10^{-8} \sim 10^{-11}$。

⑥ 通常由微机和中小型服务器构成。由于局域网的功能和应用的原因，其构成主要是由微型计算机和中小型服务器等。

正是由于局域网的以上特点，在局域网的设计过程中，其关键技术为网络拓扑、传输介质和介质访问控制方法。

2．局域网的关键技术

（1）局域网的网络拓扑结构

网络拓扑结构分为物理拓扑和逻辑拓扑。物理拓扑结构描述网络中由网络终端、网络设备组成的网络节点之间的几何关系，反映网络设备之间以及网络终端是如何连接的。如图 5-2 所示，网络按照拓扑结构有总线型结构、环型结构、星型结构、树型结构和网状结构。

总线型拓扑结构是早期同轴电缆以太网中网络节点的连接方式，网络中各节点挂接到一条总线上。

星型拓扑结构是现代以太网的物理连接方式，以中心网络设备为核心，与其他网络设备以星型方式连接，最外端是网络终端设备。星型拓扑结构的优势是连接路径短，易连接、易管理，传输效率高，易管理。其缺点是中心节点需具有很高的可靠性和冗余度。

树型拓扑结构的网络层次清晰，易扩展，是目前多数校园网和企业网使用的结构。这种方法的缺点是根节点的可靠性要求很高。

图 5-2　计算机网络的拓扑结构

环型拓扑结构的网络中，通信线路沿各节点连接成一个闭环。数据传输经过中间节点的转发，最终可以到达目的节点。其最大缺点是通信效率低。

网状拓扑结构构造的网络可靠性最高。在这种结构下，每个节点都有多条链路与网络相连，高密度的冗余链路，即使一条甚至几条链路出现故障，网络仍然能够正常工作。其缺点是成本高、结构复杂，管理维护相对困难。

局域网在网络拓扑结构上主要采用总线型、环型、星型拓扑结构。

（2）局域网的传输介质

传输介质是网络中传输信息的物理通道，是不可缺少的物质基础。传输介质的性能对网络的通信、速度、距离、价格以及网络中的节点数和可靠性都有很大影响。因此必须根据网络的具体要求，选择适当的传输介质。常用的网络传输介质有很多，可分为两大类：一类是有线传输介质，如双绞线、同轴电缆、光纤；另一类是无线传输介质，如微波和卫星信道等。

① 双绞线

通过专用的各类双绞线来组网。双绞线网是最常见的连网方式，比较经济，且安装方便，传输率的抗干扰能力一般，广泛应用于局域网中，还可以通过电话线上网，通过现有电力网电缆上网。

图 5-3　非屏蔽双绞线（UTP）

双绞线通常有非屏蔽式和屏蔽式两种。非屏蔽式双绞线如图 5-3 所示，具有成本低、重量轻、尺寸小、易弯曲、易安装、适于结构化综合布线等优点，在一般的局域网建设中被普遍采用。但它存在传输时有信息辐射、容易被窃听的缺点，所以，在少数信息保密级要求高的场合，还需要采取一些辅助屏蔽措施。

屏蔽式双绞线具有抗电磁干扰能力强、传输质量高等优点，也存在接地要求高、安装复杂、弯曲半径大、成本高的缺点，尤其是如果安装不规范，实际效果更差。因此，屏蔽式双绞线的实际应用并不普遍。

② 同轴电缆

同轴电缆由内导体铜芯线、绝缘层、外导体屏蔽层及外部塑料保护层组成，有较高的带宽和抗噪性能。同轴电缆比双绞线的屏蔽性更好，在更高的速度上可以传输得更远。

可以通过专用的同轴电缆（粗缆/细缆）来组网，还可以通过有线电视电缆，使用电缆调制解调器（Cable Modem）上网。

③ 光纤

光纤网采用光导纤维作为传输介质。光纤传输距离长，传输率高，可达 Gb/s，且抗干扰性强，不会受到电子监听设备的监听，是安全性网络的理想选择。光纤以其高带宽、高抗干扰性和低损耗的突出优势成为发展最迅速、最有前途的传输介质。

④ 微波信道

无线电数字微波通信系统在长途大容量的数据通信中占有及其重要的地位，其频率范围为 300 MHz～300 GHz。微波通信常用于电缆（或光缆）敷设不便的特殊地理环境或作为地面传输系统的备份和补充，计算机网络中的无线通信主要是指微波通信，主要有两种方式：地面微波接力通信和卫星通信。

微波在空间主要是直线传播，并且能穿透电离层进入宇宙空间，它不像短波那样经电离层反射传播到地面上其他很远的地方，由于地球表面是个曲面，因此其传播距离受到限制且与天线的高度有关，一般只有 50 km 左右。长途通信必须建立多个中继站，如图 5-4 所示，中继站把前一站发来的信号经过放大后再发往下一站，类似"接力"，如果中继站采用 100 m 高的天线塔，则接力距离可增大到 100 km。

卫星通信就是利用位于 3.6 万千米高空的人造地球同步卫星作为太空无人值守的微波中继站的一种特殊形式的微波接力通信，如图 5-5 所示。卫星通信可以克服地面微波通信的距离限制，其最大特点就是通信距离远，且通信费用与通信距离无关。

图 5-4　微波接力方式

图 5-5　卫星通信的工作原理

⑤ 蓝牙

图 5-6　蓝牙应用设备

蓝牙，是一种支持设备短距离通信（一般 10 m 内）的无线电技术，能在包括移动电话、PDA、无线耳机、笔记本电脑、相关外设等之间进行无线信息交换，如图 5-6 所示。蓝牙技术能够有效地简化移动通信终端设备之间的通信，也能够简化设备与 Internet 之间的通信，从而数据传输变得更加迅速、高效。蓝牙采用分散式网络结构以及快跳频和短包技术，支持点对点及点对多点通信，工作在全球通用的 2.4 GHz

ISM（即工业、科学、医学）频段。其数据速率为 1 Mb/s，采用时分双工传输方案实现全双工传输。

（3）局域网的介质访问控制方法（Media Access Control，MAC）

传统的局域网采用"共享介质"的工作方法。为了实现对多节点使用共享介质发送和接收数据的控制，经过多年的研究，大家提出了多种不同的介质访问控制方法。IEEE 802 标准主要定义了以下 3 种 MAC 方法：

- 带有冲突检测的载波监听多路访问（CSMA/CD）方法的总线型局域网（以太网）。
- 令牌总线（Token bus）方法的总线型局域网。
- 令牌环（Token ring）方法的环型局域网。

5.2.2 知识拓展：交换式以太网

典型的交换式局域网是交换式以太网（Switched Ethernet），它的核心部件是以太网交换机（Ethernet Switch）。以太网交换机可以有多个端口，每个端口可以单独与一个节点连接，也可以与一个共享介质式的以太网集线器（Hub）连接，如图 5-7 所示。以 10 Mb/s 以太网交换机为例，如果一个端口只连接一个节点，那么这个节点就可以独占 10 Mb/s 的带宽，这类端口通常被称为"专用 10 Mb/s 端口"。如果一个端口连接一个 10 Mb/s 的以太网，那么这个端口将被以太网中的多个节点共享，这类端口就被称为"共享 10 Mb/s 端口"。交换式以太网从根本上改变了"共享介质"的工作方式，通过以太网交换机支持交换机端口节点之间的多个并发连接，实现多节点之间数据的并发传输。因此，交换式以太网可以增加网络带宽，改善局域网的性能与服务质量。

图 5-7 交换式局域网

任务 5.3 搭建无线局域网

5.3.1 知识导读：无线局域网

无线局域网由无线网卡和无线接入点（Access Point，AP）构成。简单地说，WLAN 就是指不需要网线就可以发送和接收数据的局域网，通过安装无线路由器或无线 AP，在终端安装无线网卡，就可以实现无线连接。从无线局域网的定义可以看出，要组件一个无线局域网，需要的硬件设备就是无线网卡和无线路由器。

1. 无线网络优点

无线局域网（Wireless Local Area Network，WLAN）是利用无线技术实现快速接入以太网的技术。与有线网络相比，WLAN 最主要的优势在于不需要布线，可以不受布线条件的限制，因此广泛应用于酒店、机场等，目前已经从商业使用逐渐开始进入家庭以及教育机构等领域。

2. 无线网络组建准备工作

要组建家庭无线网络，其实很简单，只要有无线宽带路由器和无线网卡即可，组建无线网络的硬件设施很容易实现。

（1）无线宽带路由器

通常，选择价格适中的产品家用无线宽带路由器，如 D-Link、TP-Link 等，如图 5-8 所示。选购无线路由器时，需要注意以下几点：

① 注意无线路由器的端口数量

无线路由器的端口分 LAN 口和 WAN 口两类，其中 WAN 口是用来连接到 Internet 网络中的，LAN 口则是供局域网中的计算机连接的。在选购时，要注意询问一下该产品提供多少个以太网口，接口数量一定要多于家庭有线接入计算机的 1~2 个，以方便日后扩展。目前，大多数无线路由器都提供 4 个 LAN 接口和一个 WAN 接口。

图 5-8　无线路由器

② 无线协议标准

目前，IEEE802.11n、802.11b 和 802.11g 标准是无线局域网的流行标准。其中 IEEE802.11n 支持双频模式，工作于 2.4 GHz 频带或者 5 GHz 频带，传输速率 300 Mb/s，最高可达 600 Mb/s，是目前流行的无线局域网标准。

③ 传输速率和传输距离

目前，市面上主流的 150 Mb/s 和 300 Mb/s 无线路由器基本上都能满足小范围的 WLAN 组建需求，不会对网络宽带造成阻塞，而且价格相对低廉，扩展应用成本低。

此外，无线设备的传输距离越大，意味着信号覆盖范围就越广。目前，大多数无线路由器的传输距离在室内都能达到 150 米以上，而在室外就更远了，可以达到 300 到 800 米。

④ 安全加密功能

无线网络一般有如下安全手段：WEP（有线等效加密）、SSID 服务区标识符、用户端无线客户端设备 MAC 地址过滤、支持标准的 IEEE802.1x 安全认证协议、VPN。

（2）无线网卡

通常，笔记本都内置了无线网卡。如果不支持，可以购买一块外置的无线网卡。按照接口，无线网卡通常可以分为 USB（如图 5-9 所示）、PCI、PCMCIA 三大类，不同接口的网卡适用不同的计算机，在购买时，需要根据个人计算机的实际情况进行选购。

图 5-9　无线网卡

5.3.2　任务案例：组建家庭无线局域网

现今的大多数家庭拥有了越来越多的上网设备，如计算机、电视、智能手机等，这就需要在家庭环境中具备多个网络接入点。但是大部分家庭在最初装修布局时并未考虑到这一点，通过在家中组建无线网络可以解决以上问题。在家中设立无线局域网（WLAN）既简单又省钱，人们能在各个房间自由走动，随时接入网络冲浪，而不需担心电缆和插头。用户能够真正"无线"自己的生活，感受前所未有的灵活性和自由性。

【案例 4-2】 组建家庭无线局域网。
（1）熟悉无线局域网的组建方法。
（2）了解组建家庭无线局域网所用的网路设备及传输介质。
（3）学会无线路由器的基本使用方法。
（4）掌握无线终端设备接入无线局域网的方法。

【操作步骤】
（1）组建一个无线局域网，除了需要配置计算机外，还需要选购无线网卡。对于台式计算机，可以选择 PCI 或 USB 接口的无线网卡；对于笔记本电脑，可以选择内置的 MiniPCI 接口，以及外置的 PCMCIA 和 USB 接口的无线网卡。
（2）为了能实现多台计算机共享上网，准备一台无线路由器，并可以实现网络接入，如 ADSL、小区宽带、Cable Modem 等。
（3）无线硬件设备连接

无线路由器通常拥有 4 个 LAN 接口和 1 个 WAN 接口，可以同时为以太网用户和无线网络用户提供 Internet 连接，如图 5-10 所示，下面是具体的连接方法。

图 5-10 家用无线网络连接图

<1> 将无线路由器的 WAN 接口连接至 ADSL Modem 或者小区宽带的信息插座，实现 Internet 连接共享。
<2> 无线路由器的 LAN 接口连接至台式计算机的网卡，实现无线与有线的相互通信。
（4）无线路由器初始配置

由于无线路由器提供了 Web 管理界面，因此可以通过局域网内任何一台已连接的计算机来配置无线宽带路由器。在 IE 地址栏中输入"192.168.1.1"（TP-Link 无线路由器的默认 IP 地址，如图 5-11 所示），回车，就进入无线路由器的 Web 管理页面。初次登录时用户名和密码均为 admin（参照产品操作手册说明）。TP-Link 提供简单明了的中文菜单，只要简单设置，其他绝大多数选项用默认设置就行。需要改动设置的主要包括：

<1> 单击"PPPoE 设置",填写用户名和密码(宽带服务商提供的 ADSL 上网用户名和密码),如图 5-12 所示。

图 5-11　无线路由器 Web 管理界面　　　　图 5-12　设置 PPPoE

<2> 单击"无线设置",可以看到信道、模式、安全选项、SSID 等,如图 5-13 所示。其中,"SSID"是无线网络的标示名称,可以任意填写;"模式"大多选用"11bgn mixed";"无线安全选项"建议选择"wpa-psk/wpa2-psk";密码设置减量避免纯数字之类的弱口令,防止被其他人轻易破解而蹭网。

设置完成后,单击"下一步",宽带无线路由器会自动重启,无线宽带路由器就配置完成。

(5)无线上网体验

当无线路由配置完成后,使用网线连接的计算机打开后就可以直接上网了,再也不用每次输入 ADSL 宽带账号和密码。使用无线上网的计算机开机后,会自动检测所在区域的无线网络信号,并在任务栏上显示一个无线网络图标,单击即可打开"无线网络连接"窗口,如图 5-14 所示,所有可用网络都会一览无余,不需要再打开单独的设置面板即可一键连接到各种网络。因此,需要根据前面设置的无线网络 ID 来进行选择。选择好后,单击"连接",如果设置了密码,输入密码后才能正常使用无线网络。

图 5-13　无线设置　　　　　　　　　　　图 5-14　无线网络连接

5.3.3 知识拓展：典型网络故障排除实例

其实无线网络并没有那么神秘，硬件设施并不苛刻，同时组建方法也比较简单，但是大家不能对之掉以轻心，因为在使用的过程中，也会遇到各种问题和故障，下面介绍一些典型的故障排除实例。

1. 复位法解决无线网络故障

【故障现象】 小李家里使用网通的 ADSL 上网，共有一台台式机和一台笔记本，为了移动的方便，特意购买了一台无线宽带路由器，使用了一段时间，一切正常，速度也不错。可是前几天突然不能正常上网了。系统提示网络已经连接上，但台式机和笔记本都不能打开网页，不能登录 QQ 等。

【故障排除】 因为小李的无线路由器硬件设置和网络设置都没有变动过，因此首先想到的是网通 ADSL 本身不稳定。于是，关掉无线路由器，将网线重新接入 ADSL Modem，利用 Window 自带的拨号程序创建了 ADSL 拨号连接，输入密码后，输入网址，可以上网。

看来问题在无线路由器。先把硬件连接重新插一遍，问题依旧。硬件不行，只好从设置方面找原因了。在浏览器中输入"192.168.1.1"，进入路由器配置界面，输入用户名和密码，用户名为 admin，初始密码为 admin，然而提示出错，这才想起来当初设置了一个管理密码，可是时间久了忘了密码。

好在小李听朋友介绍无线宽带路由器有一个复位按钮，可以恢复到出厂设置。于是找到了一颗回形针，压住无线路由器后部的复位孔不松开，先将宽带路由器的电源关掉，再接通电源，这个过程中一直要压住复位键。待正面面板的 Status 指示灯开始明灭的时候将复位键放开（约 6~8 秒），这样即可将无线宽带路由器恢复到出厂状态。

接下来输入用户名和密码（默认用户名为 admin，密码为 admin），果然顺利进入了设置界面了。设置完毕后，重新打开浏览器，终于顺利地打开网页了。

小提示：如果 Status 指示灯快速明灭闪烁，说明按复位键的时间太长了，此时将电源再拔出、插回，当 Status 指示灯大约每秒闪烁一次时，松开复位键即可。

2. 无线网络信号被盗，网速变慢

【故障现象】 小张家使用的是电信的 ADSL，而且使用的无线路由器无线上网，近期发现网络变得非常慢，"不要说上网看电影，就连打开一般的网页，都变得很慢。"为此，小张多次致电电信部门询问自家的宽带是否被限速，但是得到的答复却是电信部门提供的网速正常。直到小张请来做网络工程的朋友到家检查时才发现，原来小张在关闭计算机后，经常忘记关闭路由器和 ADSL Modem，无线路由器虽然设置了简单密码，却遭遇到"蹭网软件"的破解，从而被其他邻居偷走了大部分网速。

【故障排除】 首先，小张应该在不用网络的时候把无线路由器关掉，这样可以避免别人使用自家的网络。其次，对无线网络进行加密时的设置方法一定要安全。对无线路由器进行安全配置时，如果用户选择带 WPA、WPA2 加密功能的路由器，并且设置长达 16 位以上的字母与数字交替组合密码，那么一般可以保证上网无忧。

3. 无线路由器无法正常工作

【故障现象】小王使用无线路由器作为家庭网的 Internet 共享设备，WAN 端口连接 ADSL

Modem，LAN 接口连接台式机。在配制向导中设置为 ADSL PPPoE 接入，并指定了账号和密码。设置完毕，小王的笔记本电脑虽然能够检测到无线信号，但无法上网。然而，利用直接连接 ADSL Modem 进行拨号，却能正常登录网络。

【故障排除】 导致故障产生的原因可能是以下两方面的问题：

① 绑定了 MAC 地址。宽带服务提供商为了避免用户使用宽带路由器，将计算机的 MAC 地址与账号绑定在了一起，只有拥有特定 MAC 地址的计算机才能实现 Internet 连接。如果属于这种情况，可以使用无线路由器的 MAC 地址克隆功能，克隆可以进行 ADSL 拨号的计算机网卡的 MAC 地址。

② 用户名和密码设置错误。如果属于这种情况，可以检查无线路由器中的 ADSL 用户名和密码是否正确，确保设置完全正确。

任务 5.4　Internet 协议和 IP 地址

5.4.1　知识导读：Internet 协议和 IP 地址简介

1. Internet 的起源和发展

20 世纪 60～70 年代，美国国防部开始兴建第一个网际网，称为 ARPANET，它是 Internet 的雏形，当时主要用于军事目的。该网络最初是为了验证分组交换的实用价值，采用 8 位的寻址方案。70 年代中期，TCP/IP 协议首次用于 ARPANET，网络地址从 8 位扩充为 32 位。

Internet 是目前世界上最大、用户最多并且覆盖全世界的国际互联网，已经拥有数十亿用户，应用范围从政府机关、工商企业、教育科研、文化娱乐到个人，影响极为广泛。一旦与 Internet 连接，就可以访问其中数以万计的信息，如新闻报道、天气情况、经济信息、软件游戏等。现在，越来越多的人已离不开 Internet。我国的 Internet 发展表现更突出。依据中国互联网络信息中心（CNNIC）2015 年 2 月发布的第 35 次《中国互联网络发展状况统计报告》显示，截至 2014 年 12 月，中国网民规模达 6.49 亿，互联网普及率为 47.9%。其中，手机旅行预订以 194.6%的年度用户增长率领跑移动商务类应用，是增长最快的移动商务类应用。手机网购、手机支付、手机银行等手机商务应用用户年增长分别为 63.5%、73.2%和 69.2%，高于其他手机应用增长幅度。

2. TCP/IP

TCP/IP 是 Internet 各网络之间相互遵守的网络互连协议，泛指所有与 Internet 有关的协议簇。TCP/IP 不是单个的协议，是一个分层的协议或称协议栈。不同于 OSI/RM 的 7 层模型，TCP/IP 模型自上而下分为 4 层，如图 5-15 所示。

① 应用层，用户应用程序在各主机之间进行通信使用的协议，如 TELNET（远程登录）、FTP（文件传输协议）、SMTP（简单邮件传输协议）和 HTTP（超文本传输协议）等。

② 传输层，提供应用程序之间（端到端）的通信，确保端到端可靠传输。传输层常用的协议是 TCP（传输控制协议）和 UDP（用户数据报协议）。

③ 网际层，又称为互联层，解决计算机与计算机之间的通信问题。网际层的通信协议统一为 IP（网际协议）。

④ 物理层，TCP/IP 实现与其他网络协议的通信。Internet 中的数据的传输过程是这样的：首先将数据打包成 TCP/IP 格式的数据包，然后数据包在路由器的指挥下被传送到目的地，最后接收到的数据包被重新组合，还原成数据文件。

OSI/RM 模型	TCP/IP 模型
应用层	应用层
表示层	
会话层	
传输层	传输层
网络层	网际层
数据链路层	
物理层	物理层

图 5-15 OSI 和 TCP/IP 模型对比

3．IP 地址与域名

与邮政通信一样，网络通信也需要有对传输内容进行封装和注明接收者地址的操作。邮政通信的地址结构是有层次的，要分出城市名称、街道名称、门牌号码和收信人。网络通信中的地址也是有层次的，分为网络地址和物理地址。网络地址说明目标主机在哪个网络上；物理地址说明目标网络中哪一台主机是数据报的目标主机。我们可以拿计算机网络地址结构与邮政通信的地址结构比较起来理解：网络地址想象为城市和街道的名称，物理地址则比为门牌号码。IP 主要规定了如何定位计算机在 Internet 上的位置及计算机地址的统一表示形式，在 Internet 上访问计算机可按 IP 地址形式，也可按计算机域名形式。

（1）IPv4 地址

Internet 上的每台主机与路由器都是通过 IP 地址来唯一标识的。IP 地址具有固定规范的格式。每个 IP 地址 32 位二进制数（IPv4 标准），被分为 4 段，每段 8 位（1 字节），用"."来分隔，包括网络 ID 和主机 ID 两部分。为了方便记忆和使用，IP 地址最常见的形式是点分十进制，就是把 4 字节分别换算成十进制来表示，中间用"."来分隔，如 200.1.25.7。

IP 地址可以用点分十进制数表示，也可以用二进制数来表示，例如：

```
      200    .    1    .    25    .    7
   11001000   00000001   00011001   00000111
```

网络 ID 是指 Internet 的每个网络区域的网络标识符；主机 ID 是指每个网络区域中的每台计算机的标识符。注意，网络 ID 和主机 ID 的数值不能为二进制的全 0 或二进制的全 1。

常用的 IP 地址主要分为 3 大类，分别为 A、B、C。这 3 类常用地址中容纳的网络数和主机数如表 5-1 所示。

表 5-1 IP 地址分类情况表

类　别	第 1 字节的格式	网　络　数	每个网络容纳的主机数	分　辨　方　法
A	0xxxxxxx	126	16777214	1～126
B	10xxxxxx	16384	65534	128～191
C	110xxxxx	2097152	254	192～223

IPv4 中的 IP 地址共 32 位，意味着全世界共有 40 多亿 IP 地址，对于当时的 ARPANET 是绰绰有余的。按照当时地址分类的思想，各类地址的编码方式如下。

- A 类地址：最高位是 0，随后的 7 位是网络地址，最后 24 位是主机地址。
- B 类地址：最高两位分别是 1 和 0，随后的 14 位是网络地址，最后 16 位是主机地址。
- C 类地址：最高的三位是 110，随后的 21 位是网络地址，最后 8 位是主机地址。

在网络迅速扩大的今天，32 位的 IPv4 标准已难以应付网上计算机数目的急剧增加，128 位的 IPv6 标准将在不久后得到广泛支持（见 5.4.3 节）。

（2）域名

用 IP 地址来表示一台计算机的地址,其点分十进制数不易记忆。由于没有任何可以联想的东西,即使记住后也容易遗忘。Internet 开发了一套计算机命名方案,称为域名服务(Domain Name Service,DNS),可以为每台计算机起一个域名,用一串字符、数字和点号组成,可将这个域名翻译成相应的 IP 地址。例如,河南工学院 WWW 服务器的域名 www.hait.edu.cn(hait 是河南工学院的英文缩写),通过 DNS 解析出这台服务器的 IP 地址是 211.69.0.11。有了域名,计算机的地址就很容易记住和被人访问。

要把计算机连入 Internet 作为一台提供服务的主机,必须获得网上唯一的 IP 地址与对应的域名地址。域名地址由域名系统(Domain Name System,DNS)管理,可以将域名地址解析成 IP 地址,因此通常可以用域名地址来代替 IP 地址。

域名地址是分段表示的,每段分别授权给不同的机构管理,各段之间用"."分隔,与 IP 地址相反,各段自左至右越来越高。例如,tsinghua.edu.cn 指的是中国(cn)教育网(edu)清华大学(tsinghua)。

Internet 对某些通用性的域名作了规定(见表 5-2)。例如,com 是工商界域名,edu 是教育界域名,gov 是政府部门域名等。此外,国家和地区的域名常用两个字母表示。例如,fr 表示法国,jp 表示日本,us 表示美国,uk 表示英国,cn 表示中国等。

表 5-2 Internet 部分组织和地理域名及其含义

组织域	含 义	地理域	含 义	地理域	含 义
com	商业组织	cn	中国	jp	日本
edu	教育机构	ca	加拿大	kr	韩国
gov	政府	de	德国	th	泰国
int	国际组织	fr	法国	sg	新加坡
mil	军事组织	uk	英国	nl	荷兰
net	网络机构	hk	中国香港地区	it	意大利
org	非营利组织	tw	中国台湾地区	au	澳大利亚

5.4.2 任务案例:Internet 协议(TCP/IPv4)属性配置

通过学习 Internet 协议与 IP 地址相关知识,掌握局域网 IP 地址、子网掩码、默认网关及 DNS 服务器的正确配置方法。

【案例 5-3】 请按照要求分别对本地连接的"Internet 协议(TCP/IPv4)属性"中的 IP 地址、子网掩码、默认网关、DNS 服务器等项进行设置。其中 IP 地址设置为:196.20.20.20,子网掩码设置为:255.255.255.0,默认网关设置为:196.20.20.1,首选 DNS 服务器设置为 196.20.1.8,备用 DNS 服务器设置为 196.20.10.10。

【操作步骤】

<1> 在"控制面板"中选择"所有控制面板项"→"网络和共享中心"→"本地连接",弹出如图 5-16 所示的对话框。

<2> 在"本地连接状态"中单击"属性"按钮,打开"本地连接属性"对话框,如图 5-17 所示,选中"Internet 协议版本 4(TCP/IP)",单击"属性"按钮,打开其属性对话框,如图 5-18 所示。

图 5-16 本地连接

图 5-17 本地连接属性

图 5-18 Internet 协议（TCP/IP）属性设置

<3> 选中"使用下面的 IP 地址"，按照分配或指定的参数，在分别对 IP 地址子网掩码，默认网关、DNS 服务器等项设置后，单击"确定"按钮完成即可。

5.4.3 知识拓展：Internet 相关知识

1. 互联网接入技术

从信息资源的角度，互联网是一个集各部门、各领域的信息资源为一体的，供网络用户共享的信息资源网。互联网接入是通过特定的信息采集与共享的传输通道，利用传输技术完成用户与 IP 广域网的高带宽、高速度的物理连接。家庭用户或单位用户要接入互联网，根据不同的用户需求和资金预算，可选择不同的互联网接入方式。常见的接入技术主要包括 ADSL、HFC、光纤宽带接入、局域网接入和无线接入。

（1）ADSL 接入

ADSL（Asymmetric Digital Subscriber Line，非对称数字线路）是在普通电话线上传输高速数字信号的技术，可以在传统电话电缆上同时传输电话业务与数据信号。ADSL 可以在一条电话线上进行上行（从用户端至互联网）640 kb/s～1.0 Mb/s、下行（从互联网到用户端）1～8 Mb/s 速率的数据传输，传输距离可达 3～5 km 而不用中继放大。由于 ADSL 这种传输速度上非对称的特性与 Internet 访问数据流量非对称性的特点，所以是众多的 xDSL 技术中最普及的高速 Internet 接入的技术。

ADSL 的优势如下：
- 利用覆盖最广的电话网将主机或多台主机连接到 Internet。
- 获得远高于传统电话 Modem 的传输带宽。
- 数据通信时不影响语音通信。

（2）HFC 接入

HFC 是一种基于有线电视网络铜线资源的接入方式，具有专线上网的连接特点，允许用户通过有线电视网实现高速接入互联网，适用于拥有有线电视网的家庭、个人或中小团体。其特点是速率较高，接入方式方便（通过有线电缆传输数据，不需要布线），可实现各类视频服务、高速下载等。其缺点为，基于有线电视网络的架构是属于网络资源分享型的，当用户激增时，速率就会下降且不稳定，扩展性不够。

（3）光纤宽带接入

光纤宽带接入是指，通过光纤接入到小区节点或楼道，再由网线连接到各共享点上（一般不超过 100 米），提供一定区域的高速互联网接入。其特点是速率高，抗干扰能力强，适用于家庭、个人或各类企事业团体，可以实现各类高速互联网应用（视频服务、高速数据传输、远程交互等），缺点是一次性布线成本较高。

（4）局域网接入

具有局域网的单位或学校一般采用在局域网上设立专门的计算机作为接入 ISP 的代理服务器或直接通过路由器/三层交换机接入 ISP 的方式。局域网的用户通过代理服务器间连接或通过路由设备连接到网络，与 ISP 之间采用特殊的高速线路传输信息，如 10/100/1000 Mb/s 的以太网线路，因而局域网上的用户与 Internet 的通信速率要比拨号上网方式快得多。

（5）无线接入

无线接入是一种有线接入的延伸技术，使用无线射频（RF）技术越空收发数据，减少使用电线连接，因此无线网络系统既可达到建设计算机网络系统的目的，又可让设备自由安排和搬动。在公共开放的场所或者企业内部，无线网络一般会作为已存在有线网络的补充方式，装有无线网卡的计算机和移动设备通过无线手段方便接入互联网。

移动蜂窝通信网（GSM、CDMA、TDMA、CDPD）、无线寻呼网、无绳电话网、集群电话网、卫星全球移动通信网以及个人通信网等，是当前接入研究和应用中很活跃的一个领域。近年来，无线接入迅速推广，尤其给使用无线终端设备的用户带来极大的便利。目前流行的 4G 网络是集 3G 与 WLAN 于一体，能够快速传输数据、高质量、音频、视频和图像等。4G 能够以 100 Mb/s 以上的速度下载，比目前的家用宽带 ADSL 快约 25 倍，并能够满足几乎所有用户对于无线服务的要求。

2010 年兴起的 Wi-Fi 是一种能够将个人计算机、手持设备（如 Pad、手机）等终端以无线方式互相连接的技术。Wi-Fi 是一个无线网路通信技术的品牌，由 Wi-Fi 联盟（Wi-Fi Alliance）持有，目的是改善基于 IEEE802.11 标准的无线网路产品之间的互通性。Wi-Fi 实质上是一种商业认证，也是一种无线联网技术，所以 Wi-Fi 上网可以简单理解为无线上网。

2．DHCP 服务

DHCP（Dynamic Host Configuration Protocol，动态主机配置协议）是局域网的网络协议。

两台连接到互联网上的计算机相互之间通信，必须有各自的 IP 地址，但由于现在的 IP 地址资源有限，宽带接入运营商不能做到给每个报装宽带的用户都分配一个固定的 IP 地址（固定 IP 就是即使在你不上网的时候，别人也不能用这个 IP 地址，这个资源一直被你独占），所以要采用 DHCP 方式对上网的用户进行临时地址分配。也就是你的计算机连上网，DHCP 服务器才从地址池里临时分配一个 IP 地址给你，每次上网分配的 IP 地址可能不一样，这与当时的 IP 地址资源有关。下线的时候，DHCP 服务器可能把这个地址分配给之后上线的其他用户。这样可以有效节约 IP 地址，既保证了用户的通信需求，又提高了 IP 地址的使用率。

DHCP 有利于对校园网络中的客户机 IP 地址进行有效管理，而不需要一个一个手动指定 IP 地址。DHCP 的特点如下。

- 即插即用性：客户端不需配置即能获得 IP 地址及相关参数，简化了客户端网络配置，降低了维护成本。
- 统一管理：所有 IP 地址及相关参数信息由 DHCP 服务器统一管理，统一分配。
- 使用效率高：通过 IP 地址租期管理，提高了 IP 地址的使用效率。
- 可跨网段实现：通过使用 DHCP 中继，可使处于不同子网中的客户端和 DHCP 服务器之间实现协议报文交互。

DHCP 地址分配方式分为如下两种。同一个路由器一般通过设置来划分静态地址和动态地址的 IP 段，如 192.168.1.2～192.168.1.99 为手动配置 IP 段，192.168.1.100～192.168.1.254 为动态分配 IP 段。

（1）人工分配

人工分配，获得的 IP 也叫静态地址，网络管理员为某些少数特定的在网计算机或者网络设备绑定固定 IP 地址，且地址不会过期。

（2）动态分配

动态分配是主机申请 IP 地址常用的方法。DHCP 服务器为客户端指定一个 IP 地址，同时为此地址规定了一个租用期限，如果租用时间到期，客户端必须重新申请 IP 地址。

DHCP 服务的测试：DHCP 服务启动后，可以在客户机上进行测试。如图 5-19 所示，只需把客户机的 IP 地址选项设为"自动获取 IP 地址"，随后重新启动客户机。在客户机的"运行"对话框中输入"ipconfig/all"，即可看到客户机分配到的动态 IP 地址。

图 5-19　自动获得 IP 地址

3. 下一代互联网

互联网的更新换代是一个渐进的过程。虽然目前学术界对于下一代互联网还没有统一定义，但对其主要特征已达成如下共识：

- 更大——采用 IPv6 协议，使下一代互联网具有非常巨大的地址空间，网络规模将更大，接入网络的终端种类和数量更多，网络应用更广泛。
- 更快——100 Mbps 以上的端到端高性能通信。
- 更安全——可进行网络对象识别、身份认证和访问授权，具有数据加密和完整性，实现一个可信任的网络。
- 更及时——提供组播服务，进行服务质量控制，可开发大规模实时交互应用。
- 更方便——无处不在的移动和无线通信应用。
- 更可管理——有序的管理、有效的运营、及时的维护。
- 更有效——有盈利模式，可创造重大社会效益和经济效益。

4. IPv6 概述

目前使用的 IPv4 技术的核心技术属于美国，其最大问题是网络地址资源有限，IP 地址近乎枯竭。这些地址中，北美占有 3/4，约 30 亿个，而人口最多的亚洲只有不到 4 亿个，中国只有 3000 多万个，只相当于美国麻省理工学院的数量。地址不足严重制约了我国及其他国家 Internet 的应用和发展。

一方面地址资源有限，另一方面随着电子技术及网络技术的发展，计算机网络进入人们的日常生活，可能身边的每样东西都需要网络。在这样的环境下，IPv6 应运而生。单从地址数量上来说，IPv6 拥有的地址容量约是 IPv4 的 8×10^{28} 倍，达到 $2^{128}-1$ 个。这不但解决了网络地址资源数量的问题，也为除计算机外的设备接入网络在数量限制上扫清了障碍。

如果说 IPv4 实现的只是人机对话，IPv6 则扩展到了任意事物之间的对话，不仅可以为人类服务，还将服务于众多硬件设备，如家用电器、传感器、远程照相机、汽车等。它将无时不在，无处不在，是深入社会每个角落的真正的宽带网，而且带来的经济效益将非常巨大。

当然，IPv6 并非十全十美、一劳永逸，不可能解决所有问题。IPv6 只能在发展中不断完善，过渡需要时间和成本，但从长远看，IPv6 有利于网络的持续和长久发展。目前，国际互联网组织已经决定成立两个专门工作组，制定相应的国际标准。

与 IPv4 相比，IPv6 具有以下几个优势。

- IPv6 具有更大的地址空间。IPv4 中规定 IP 地址长度为 32，即有 $2^{32}-1$ 个地址；而 IPv6 中 IP 地址的长度为 128，即有 $2^{128}-1$ 个地址。
- IPv6 使用更小的路由表。IPv6 的地址分配一开始就遵循聚类（Aggregation）的原则，这使得路由器能在路由表中用一条记录（Entry）表示一片子网，大大减小了路由器中路由表的长度，提高了路由器转发数据包的速度。
- IPv6 增加了增强的组播（Multicast）和流的支持（Flow Control）。这使得网络上的多媒体应用有了长足发展的机会，为服务质量（QoS）控制提供了良好的网络平台。
- IPv6 加入了对自动配置（Auto Configuration）的支持。这是对 DHCP 的改进和扩展，使得网络（尤其是局域网）的管理更加方便、快捷。
- IPv6 具有更高的安全性。在 IPv6 网络中，用户可以对网络层的数据进行加密，并对

IP 报文进行校验，极大地增强了网络的安全性。

5. IPv6 的地址

在 IPv6 中，地址的长度是 128 位。地址空间如此大的一个原因是将可用地址细分为反映网络拓扑的路由域的层次结构，另一个原因是映射将设备连接到网络的网络适配器（或接口）的地址。IPv6 提供了内在的功能，可以在其最低层（网络接口层）解析地址，还具有自动配置功能。

（1）文本表示形式

将 IPv6 地址表示为文本字符串的三种常规形式如下。

① 冒号十六进制形式：首选形式 $n:n:n:n:n:n:n:n$。每个 n 都表示 8 个 16 位地址元素之一的十六进制值，如 3FFE:FFFF:7654:FEDA:1245:BA98:3210:4562.

② 压缩形式。由于地址长度要求，地址包含由 0 组成的长字符串的情况十分常见。为了简化对这些地址的写入，可以使用压缩形式，多个 0 块的单个连续序列由"::"表示，此符号只能在地址中出现一次举例如下。

- 多路广播地址 FFED:0:0:0:0:BA98:3210:4562 的压缩形式为 FFED::BA98:3210:4562。
- 单播地址 3FFE:FFFF:0:0:8:800:20C4:0 的压缩形式为 3FFE:FFFF::8:800:20C4:0。
- 环回地址 0:0:0:0:0:0:0:1 的压缩形式为::1。
- 未指定的地址 0:0:0:0:0:0:0:0 的压缩形式为::。

③ 混合形式，组合 IPv4 和 IPv6 地址。在此情况下，地址格式为 $n:n:n:n:n:n:d.d.d.d$，其中每个 n 表示 6 个 IPv6 高序位 16 位地址元素之一的十六进制值，每个 d 表示 IPv4 地址的十进制值。

（2）地址类型

地址中的前导位定义特定的 IPv6 地址类型，包含这些前导位的变长字段称作格式前缀。IPv6 单播地址被划分为两部分：地址前缀、接口标识符。表示 IPv6 地址/前缀组合的简明方式为：IPv6 地址/前缀长度。图 5-20 为具有 64 位前缀的地址的示例。

图 5-20　IPv6 地址

总之，下一代互联网是以 IPv6 为核心的大量新技术的组合体，会为人们的工作和生活带来巨大的便利和影响。

任务 5.5 常见网络故障检测

5.5.1 知识导读：常见网络故障的检测方法

按照网络故障的性质，网络故障可分为物理故障、逻辑故障两种。

物理故障也称为硬件故障，是指由硬件设备引起的网络故障。硬件设备或线路损坏、线路接触不良等情况都会引起物理故障。物理故障通常表现为网络不通，或时通时断。一般可以通过观察硬件设备的指示灯或借助测线设备来排除故障。

逻辑故障也称为软故障，是指设备配置错误或者软件错误等引起的网络故障。路由器配置错误、服务器软件错误、协议设置错误或病毒等情况都会引起逻辑故障。逻辑故障表现为网络不通，或者同一个链路中有的网络服务通，有的网络服务不通。一般可以通过几个常用的网络检测命令来进行故障检测，并通过重新配置网络协议或网络服务来解决问题。

1. 测试 TCP/IP 配置工具

利用 Ipconfig 工具可以查看和修改网络中的 TCP/IP 的有关配置。按 Windows 图标键+R 组合键，然后输入"cmd"，单击"确定"，出现如图 5-21 所示的窗口。Ipconfig 命令可以查看本机的 IP 地址、子网掩码、默认网关等信息，判断 TCP/IP 属性是否设置正确。

图 5-21 查看 TCP/IP 设置

输入"ipconfig/all"后回车，返回所有与 TCP/IP 有关的所有细节，包括主机名、主机的 IP 地址、DNS 服务器、节点类型、是否启用 IP 路由、网卡的物理地址、子网掩码及默认网关等信息，如图 5-22 所示。

图 5-22 查看 TCP/IP 详细设置

2. IP 测试工具 Ping

IP 本身是不可靠无连接的协议，为了能够更有效地转发 IP 数据报并提高发送成功的机会，在网际层使用了与互联网通信有关的协议，即网际控制报文协议（ICMP），允许主机和路由器报告 IP 报文传输过程中出现的差错和其他异常情况。通过 ICMP，用户可以了解 IP 报文传输的情况。

在网络工作实践中，ICMP 被广泛用于网络测试。这里以常用的基于 ICMP 的测试工具 Ping 为例，描述 ICMP 的工作过程以帮助读者该理解协议。

Ping 的功能是向发送者提供 IP 连通性的反馈消息，是检测网络连通性的重要工具。其原理是利用 ICMP 的回送请求和回送应答报文实现网络连通性测试，其使用方法和具体参数如图 5-23 所示。当在主机上执行 "ping 211.69.0.11" 命令时，源主机会以 211.69.0.11 为目的地址，构造一个 ICMP 回声来应答请求报文，并发送出去。如果这个报文通过网络顺利到达了目的主机，那么按照 ICMP 规范，IP 地址为 211.69.0.11 的主机必须向源主机回送一个 ICMP 回声来应答响应报文，如果这个报文顺利地通过网络到达了源主机，则源主机可以认为与目的主机之间的网络是连通的。

当在主机上执行 Ping 202.202.202.202 命令时，源主机会以 202.202.202.202 为目的地址，构造一个 ICMP 回声应答请求报文，并发送出去，如果这个报文不能通过网络顺利到达目的主机，如果超过规定时间无法收到回复，则源主机可以认为和目的主机之间的网络是无法连通的，如图 5-24 所示。

图 5-23　Ping 命令示例

图 5-24　Ping 命令示例

5.5.2　任务案例：网络故障的检测

在局域网的维护中，经常使用 Ping 命令来测试网络是否通畅。使用 Ping 命令检查局域网上计算机的工作状态的前提条件是：局域网中计算机必须已经安装了 TCP/IP，并且每台计算机已经配置了固定的 IP 地址。通过学习 Ping 和 Ipconfig 指令的使用方法，掌握常见网络故障的检测技能。

【案例 5-4】 故障现象：局域网内不能 Ping 通。

某局域网内的 2 台运行 Windows 7 系统的计算机，Ping 127.0.0.1 和本机 IP 地址都可以 Ping 通，但在相互间进行 Ping 操作时却提示超时。

【操作步骤】

在局域网中，不能 Ping 通计算机的原因很多，主要可以从以下两方面进行排查。

（1）对方计算机禁止 Ping 动作

如果计算机禁止了 ICMP 回显或者安装了防火墙软件，会造成 Ping 操作超时。建议禁用对方计算机的网络防火墙，再使用 Ping 命令进行测试。

（2）物理连接有问题

计算机之间在物理上不可互访，可能是网卡没有安装好、交换机有故障、网线有问题，使用 Ping 命令时会提示超时。尝试 Ping 局域网中的其他计算机，查看与其他计算机是否能够正常通信，以确定故障是发生在本地计算机上还是发生在远程计算机上。

5.5.3 知识拓展：故障位置判断

在使用 Ping 命令进行故障诊断时，可以通过 Ping 下列地址来判断故障的位置。

① Ping 127.0.0.1：在此命令执行时，计算机将模拟远程操作的方式来测试本机，如果不通，则极有可能是 TCP 驱动程序损坏、网络适配器不工作或另一个服务正在干预 IP。如果 TCP/IP 安装不正常，应删除 TCP/IP，重新启动计算机，再重新安装 TCP/IP；或者网络适配器安装有问题，应删除后重新添加。

② Ping 本地计算机的 IP 地址，验证它已正确添加到网络中。如果路由表正确，则此步骤会将数据包转发到环回地址 127.0.0.1；如果环回测试成功但无法 Ping 本地 IP 地址，则可能是路由表或网络适配器驱动程序有问题。

③ Ping 默认网关的 IP 地址，验证默认网关可正常运行，并且可以与本地网络上的本地主机通信。如果 Ping 不成功，则表明网络适配器本身、路由器/网关设备、线路或其他连接硬件存在问题。

④ Ping 一台远程主机的 IP 地址，验证本机可通过路由器进行通信。如果 Ping 不成功，则表明远程主机不响应或计算机间网络硬件存在问题。再次对另一台远程主机使用 Ping 命令，以消除第一种可能性。

⑤ Ping 远程主机的主机名，以验证本机可以解析远程主机名。

任务 5.6　Internet 常见应用

5.6.1 知识导读：Internet 常见应用简介

1. FTP

文件传输（FTP）也是 Internet 中使用得最早、最广泛的服务，其作用是把文件从一台计算机传递到另一台计算机。FTP 也是一种 C/S 方式的应用，服务器使用 TCP 的 21 号端口传输命令，使用 20 号端口传输数据。这里所指的文件是指计算机文件，通过计算机网络实现异地计算机之间传输文件是计算机网络的主要和基本功能，其他功能都是以此为基础推广的。Internet 实现了异构网络的互连，因此文件传输的功能更加广泛。

2. QQ

腾讯 QQ（简称"QQ"）是腾讯公司开发的一款基于 Internet 的即时通信（IM）软件。腾讯 QQ 支持在线聊天、视频电话、点对点断点续传文件、共享文件、网络硬盘、自定义面板、QQ 邮箱等功能，并可与移动通信终端等多种通信方式相连。

QQ 与全国多家移动通信公司合作，实现了 GSM 移动电话的短消息互连，是国内最流行、功能最强的即时通信软件。同时，QQ 可以与移动通信终端、IP 电话网、无线寻呼等多种通信方式相连，不仅是单纯意义的网络虚拟呼机，而是一种方便、实用、超高效的即时通信工具。

3. 微信（Wechat）

微信是腾讯公司于 2011 年推出的一个为智能终端提供即时通信服务的免费应用程序，微信支持跨通信运营商、跨操作系统平台通过网络快速发送免费语音短信、视频、图片和文字，提供公众平台、朋友圈、消息推送、微信小程序等功能，如图 5-25 所示，用户可以通过"摇一摇"、"搜索号码"、"附近的人"、扫二维码方式添加好友和关注公众平台。同时，微信将内容分享给好友以及将用户看到的精彩内容分享到微信朋友圈。

4. 微博

微博是微型博客的简称，即一句话博客，是一种通过关注机制分享简短实时信息的广播式的社交网络平台。

微博是一个基于用户关系信息分享、传播以及获取的平台。用户可以通过 Web、WAP 等客户端组建个人社区，一般以 140 字（包括标点符号）的文字更新信息，并实现即时分享。微博的关注机制分为可单向、可双向两种。

图 5-25 微信

微博作为一种分享和交流平台，其更注重时效性和随意性。微博客更能表达出每时每刻的思想和最新动态，博客则更偏重于梳理自己在一段时间内的所见、所闻、所感。因微博而诞生出微小说这种小说体裁。

5. 网上购物

网上购物，就是通过互联网检索商品信息，并通过电子订购单发出购物请求，然后填上私人银行账号或信用卡的号码，厂商通过邮购的方式发货，或是通过快递公司送货上门。随着互联网在中国的进一步普及应用，网上购物逐渐成为目前年轻人最流行的购物方式。

网上购物的诸多地方不同于传统购物方式，包括挑选物品、主体身份、支付、验货等。下面以淘宝为例介绍网上购物主要步骤。

首先，注册一个淘宝账号，然后下载在线聊天工具：淘宝旺旺（淘宝网也提供网页版阿里旺旺)。登录后,可以在"我的淘宝"中先选择要购买的商品进行查询,在查询出的页面,可以选择以商家信誉排列商品或以价格高低排列商品,这样比较一目了然地看到要选的商品。

然后,选定一家信誉尚可、价格较佳的商家,与商家详谈商品的品质、价格及售后和物流。一切谈妥后,选择支付方式,如第三方支付平台:支付宝。支付宝是先把货款打入第三方账户,只有当客户收到货时确认货品与商家承诺一致,支付宝才会把该款项转入商家账户,这样购物比较有保障。

第三,客户收货后,应及时查验是否与卖家说描述的相符合,如果没有问题,可以就货物是否与卖家说描述的相符、卖家的服务态度、卖家的发货速度对卖家的进行评价,这有助于提高双方的信誉,也为其他客户提供了参考。然后,这次交易就完全结束。

6. Telnet

Internet 上连接了众多的计算机或计算机系统。在这些联网的计算机之间,不仅可以进行通信、传送电子邮件,还可以通过自己的键盘使用异地的计算机。换言之,用户可以调用位于地球任意一个地方的网络上的某台计算机系统为自己服务,如同使用自己的计算机一样,这种计算机系统叫做"远程计算机"或者"远程计算机系统"。注意,远程访问用户必须有权且征得异地计算机系统主人的同意才可以。

5.6.2 任务案例:使用手机 QQ 提取图片中的文字

计算机网络的基本功能是资源共享。随着通信技术的发展和多媒体技术的广泛应用,Internet 的功能越来越强大,其用途更加多样化,这里介绍一个常用的 Internet 应用。

【案例 5-5】 如果想把一个图片中的文字快速提取出来,怎么办呢?可能考虑安装相应的程序,其实只需要最新版的手机 QQ 就可以了。下面来看如何使用手机 QQ 快速识别并提取图片中的文字吧。

【操作步骤】

<1> 将你要识别文字的图片发送给任一好友。

<2> 点击这个图片,把其放大化,放大到全屏的状态,然后长按图片,这时弹出一个菜单,如图 5-26 所示,选择其中的"提取图中文字"命令。

<3> 识别完成后,就会在新窗口中显示出识别的文字,如图 5-27 所示。可以选择发送给好友,也可以复制出来二次编辑使用。

任务 5.7 Internet 常用工具的使用

5.7.1 知识导读:Internet 常用工具

1. 用 Internet Explorer(IE)浏览网页

(1)超链接的基本概念

超链接是"超文本链接"的缩略语,提供了将用户从 WWW 文档的某一部分连接到同一或不同文档的其他部分的方法。通过单击超链接,可以从服务器的某一页转到另一页,也可以转到其他服务器的 Web 页面。

图 5-26　提取图中文字　　　　图 5-27　文字识别完成

利用 IE 软件浏览 Web 页面非常简单，只要知道要浏览的页地址，通过在地址框中输入 HTTP 和域名或 IP 地址，然后回车即可。

（2）浏览网页的基本方法

<1> 在 IE 的地址框中输入地址，如中央电视台的地址"http://www.cctv.com"，然后回车，工作窗口中开始下载其主页。

<2> 拖动窗口右侧的滑动块，可以向下显示其余页面。

<3> 单击"同一首歌"链接，弹出"CCTV-音乐频道-同一首歌"页面。

<4> 移动鼠标指针到"焦点访谈"图片上，此时鼠标指针变成手掌形，单击之，将链接到"CCTV-电视批判特别策划"页面。

<5> 移动上下、左右滚动条，可以显示更多信息。

从以上操作可以体会到，在 Web 页面上除了有文字、图像外，还有许多链接到本 WWW 服务器或其他 WWW 服务器页面的超链接节点。只要移动鼠标指针到某处，鼠标指针变成手掌形，此处就是超链节点，单击就可以打开新的页面。

2．网络资源下载

在 Internet 上有许多专门提供文件服务的计算机叫 FTP 文件服务器，其磁盘上装有大量有偿或免费使用的软件或文件供用户下载（Download）。用户利用 FTP 可以从某 FTP 服务器下载自己需要的文件。如果对方允许，可以利用 FTP 把自己计算机上的程序或文件上传（Upload）到某服务器上。

可以利用 IE 浏览器下载文件或软件，也可以利用专门的支持 FTP 协议的软件下载文件。

（1）利用浏览器 IE 下载

由于 IE 的 URL 地址框支持 FTP，因此只要在地址框中输入"ftp://"加上 FTP 服务器域名或 IP 地址，回车即可。例如，下载北京大学 FTP 文件服务器上的软件，其操作步骤如下：

<1> 在 IE 的地址框中输入要下载文件所在的服务器名称"ftp://ftp.pku.edu.cn"，回车后，IE 开始查找要访问的 FTP 服务器。

<2> 当正确连接到要访问的文件服务器后，屏幕出现此服务器的根目录。

<3> 与在"资源管理器"或"我的电脑"中操作一样,找到所需文件、文件夹、应用程序,然后单击右键,在弹出的快捷菜单中选择"复制到文件夹",按提示操作即可。

(2) FTP 工具软件下载

专门用作 FTP 下载的工具软件很多,常见的如 CuteFtp 类软件、迅雷(Thunder)、网际快车(FlashGet)、网络蚂蚁(NetAnts)等。其中,CuteFTP 是 Internet 上老牌的 FTP 文件传输工具软件,将远程主机的文件和目录结构信息以 Windows 文件管理器的形式组织起来,并尽量减少网络的传输时间。迅雷是下载工具软件中的后起之秀,目前拥有相当大的用户群,易用、好用、下载快速等,得到了用户的广泛好评。

3. 网络资源的下载

下面简要介绍利用迅雷进行资源下载的方法。迅雷使用的多资源超线程技术基于网格原理,能够将网络上存在的服务器和计算机资源进行有效的整合,构成独特的迅雷网络,通过迅雷网络各种数据文件能够以最快速度进行传递。迅雷 9 的主界面如图 5-28 所示。

图 5-28 迅雷 9 的主界面

(1) 迅雷 9 的基本使用

① 任务分类说明

迅雷的主界面左侧就是任务管理窗口,包含一个目录树,分为"正在下载"、"已完成"、"垃圾箱",单击一个分类就会看到这个分类里的任务。

- "正在下载":没有下载完成或者错误的任务都在这个分类,当开始下载一个文件的时候,就需要在"正在下载"中查看该文件的下载状态。
- "已完成":下载完成后,任务会自动移动到"已完成"分类,如果发现下载完成后文件不见了,在"已完成"下可以查找。
- "垃圾箱":用户在"正在下载"和"已完成"中删除的任务,其作用是防止用户误删。

② 更改默认文件的存放目录

迅雷安装完成后,会自动在 D 盘建立"D:\TDdownload"目录,如果用户希望把文件的存放目录改成其他位置,那么需要右键单击任务分类中的"已完成",选择"属性",使用"浏览"更改目录,然后单击"确定"即可。

（2）迅雷下载技巧

① 设置迅雷为默认下载工具。如果用户感觉迅雷很好用，完全可以将其设置为默认的下载工具，这样在浏览器中单击相应的链接将会用迅雷下载。方法为：选择"工具"→"浏览器支持"→"迅雷作为 IE 默认下载工具"命令。

② 设置下载完成后自动关机。如果夜晚用迅雷下载大量的资料，想使其下完后能自动关机，方法是：在迅雷主窗口中选择"工具"→"计划任务管理"→"下载完成后"→"关机"，这样一旦迅雷检测到所有内容下载完毕，就会自动关机。

③ 设置批量下载任务。有时在网络上会发现很多有规律的下载地址，如遇到成批的 MP3、图片、动画等，如果按照常规的方法需要一集一集地添加下载地址，非常麻烦，这时可以利用迅雷的批量下载功能，只添加一次下载任务，就能让迅雷批量将它们下载下来。

假设用户要下载文件的路径为"http://202.99.215.149:8080/有声评书/杨家将全传/杨家将全传 001 回.mp3"到"http://202.99.215.149:8080/有声评书/杨家将全传/杨家将全传 109 回.mp3"中的 MP3 评书段子，先选择"新建任务"→"按规则添加批量任务"命令，然后在弹出对话框的地址栏中填入"http://202.99.215.149.8080/有声评书/杨家将全传/杨家将全传(*)回.mp3"，选择从"001"到"109"，通配符的长度为"3"即可。

4．百度搜索引擎的使用

百度搜索使用了高性能的"网络蜘蛛"程序 Spider 自动在互联网中搜索信息，可定制、高扩展性的调度算法，使得搜索器能在极短的时间内收集到最大数量的互联网信息。百度搜索在中国和美国均设有服务器，搜索范围涵盖了华语地区以及北美、欧洲的部分站点。百度搜索引擎拥有目前世界上最大的中文信息库，总量达到 6000 万页以上，还在以每天几十万页的速度快速增长。

（1）基本搜索

① 一般搜索。仅需输入查询内容并回车，即可得到相关资料。或者输入查询内容后，单击"百度一下"按钮，也可得到相关资料。输入的查询内容可以是一个词语、多个词语、一句话。例如，可以输入"李白"、"mp3 下载"、"蓦然回首，那人却在灯火阑珊处"。

在查询时不需要使用符号"AND"或"+"，百度会在多个以空格隔开的词语之间自动添加"+"，其提供结果是符合全部查询条件的资料，并把最相关的网页排在前列。

② 排除搜索。有时候，排除含有某些词语的资料有利于缩小查询范围。百度支持"-"功能，用于有目的地删除某些无关网页，但减号之前必须留一空格。例如，要搜寻关于"评书下载"，但不含"单田芳"的资料，可使用如下查询"评书下载 –单田芳"。

③ 并行搜索。使用"A | B"来搜索"或者包含关键词 A，或者包含关键词 B"的网页。例如，要查询"音乐文件"或"MP3"相关资料，无须分两次查询，只要输入"音乐文件 |MP3"搜索即可。

（2）搜索技巧

① 利用"开始连接"或"正在连接"搜索免费电影。网络上有很多热心人提供免费电影的下载地址。为了表明真实可靠，把下载过程也同时附上。现在最流行的下载工具是 FlashGet 和迅雷。FlashGet 下载开始就是"正在连接"，迅雷则是"开始连接"。所以，可以用想找的电影名字加上"开始连接"或者"正在连接"，来寻找免费电影。检索式形式如"电影名 开

始连接"、"电影名 正在连接"、"电影名（开始连接|正在连接）"。例如，"花木兰 开始连接、三枪 正在连接、十月围城（开始连接 | 正在连接）"。

② 利用后缀名来搜索电子书。网络资源丰富，有很多电子书，人们在提供电子书时往往带上书的后缀名，因此可以利用后缀名来搜索电子书，如"水煮三国 chm"。

5. 二维码的使用

二维条码/二维码（2-dimensional bar code）是用某种特定的几何图形，按一定规律，在平面（二维方向上）分布的黑白相间的图形记录数据符号信息，如图 5-29 所示；在代码编制上，巧妙地利用构成计算机内部逻辑基础的 0、1 比特流的概念，使用若干与二进制相对应的几何形体来表示文字数值信息，通过图像输入设备或光电扫描设备自动识读，以实现信息自动处理。它具有条码技术的一些共性：每种码制有其特定的字符集；每个字符占有一定的宽度；具有一定的校验功能等；还可以对不同行的信息自动识别、处理图形旋转变化点等功能。

图 5-29 二维码

（1）二维码的主要功能
- 信息获取（名片、地图、Wi-Fi 密码、资料）。
- 网站跳转（跳转到微博、手机网站、网站）。
- 广告推送（用户扫码，直接浏览商家推送的视频、音频广告）。
- 手机电商（用户扫码、手机直接购物下单）。
- 防伪溯源（用户扫码，即可查看生产地；同时后台可以获取最终消费地）。
- 优惠促销（用户扫码，下载电子优惠券，抽奖）。
- 会员管理（用户手机上获取电子会员信息、VIP 服务）。
- 手机支付（扫描商品二维码，通过银行或第三方支付提供的手机端通道完成支付）。

（2）计算机生成二维码的方法

使用 360 安全浏览器可以生成二维码。在浏览器中打开一个网页（如 http://www.360.cn），如图 5-30 所示，点击界面上方的地址栏右侧的分享图标，即可把当前网页生成二维码分享到微信或者微博等地方。

图 5-30 使用 360 安全浏览器生成二维码

生成二维码后，就可以使用手机扫描该二维码图案了。扫描后就会转到目标网站，享受便捷移动浏览新体验。

除了用浏览器生成网页二维码，还可以利用百度搜索二维码在线生成器，如图 5-31 所示，利用搜索到的草料网即可以在线生成网页二维码。

图 5-31　二维码在线生成器

5.7.2　任务案例：使用 IE 浏览器搜索并下载软件

Internet 常用工具包含浏览器、下载工具、视频播放器等。目前常用的浏览器有 Internet Explorer、Firefox 及 360 浏览器等。本任务以 IE 浏览器为例，学习在 Internet 上进行网页浏览、资源下载和信息检索等常用操作的基本方法。

【案例 5-6】　使用 IE 浏览器搜索并下载暴风影音软件。

【操作步骤】

<1> 启动 IE 浏览器，在地址栏中输入"www.baidu.com"并回车，打开百度网站页面。

<2> 在搜索框中输入关键字"暴风影音"，如图 5-32 所示，然后单击"百度一下"按钮。

图 5-32　百度搜索引擎

<3> 在出现的搜索结果页面中，进入暴风影音官网，选择影音下载，打开下载页面，如图 5-33 所示，单击"立即下载"。下载完成后，运行安装即可从正常使用。

图 5-33　暴风影音下载页面

任务 5.8　个人计算机安全防御

5.8.1　知识导读：个人计算机安全防御方法

1. 杀毒软件不可少

病毒的发作给全球计算机系统造成巨大损失，令人们谈"毒"色变。对于一般用户而言，首先要做的就是为计算机安装一套正版的杀毒软件。现在不少人对防病毒有个误区，就是对待计算机病毒的关键是"杀"，其实对待计算机病毒应当是以"防"为主。目前，绝大多数的杀毒软件都在扮演"事后诸葛亮"的角色，即计算机被病毒感染后杀毒软件才忙不迭地去发现、分析和治疗。这种被动防御的消极模式远不能彻底解决计算机安全问题。杀毒软件应立足拒病毒于计算机门外。因此应当安装杀毒软件的实时监控程序，应该定期升级所安装的杀毒软件，给所用操作系统安装相应补丁，升级引擎和病毒特征码。由于新病毒层出不穷，现在各杀毒软件厂商的病毒库更新十分频繁，应当设置每天定时更新杀毒实时监控程序的病毒库，以保证其能够抵御最新出现的病毒的攻击。每周要对计算机进行一次全面的杀毒、扫描工作，以便发现并清除隐藏在系统中的病毒。如果不慎感染上病毒，应该立即将杀毒软件升级到最新版本，然后对整个硬盘进行扫描操作，清除一切可以查杀的病毒。面对网络攻击时，第一反应应该是拔掉网络连接端口，或按下杀毒软件上的断开网络连接钮。

目前，国产杀毒软件最常见的有 360 杀毒、瑞星、金山毒霸等，占据了国内约 80%的市场份额。三款杀毒软件均各有特点，由奇虎公司推出的 360 安全卫士是一款承诺"永久免费"软件，如图 5-34 所示，拥有木马查杀、恶意软件清理、漏洞补丁修复、全面体检等功能，在杀木马、防盗号、保护网银和游戏的账号密码安全、防止变肉鸡等方面表现较为出色。

图 5-34　360 安全卫士

2．个人防火墙不可替代

如果有条件，应安装个人防火墙以抵御黑客的袭击。防火墙是指一种将内部网和公众访问网（Internet）分开的方法，实际上是一种隔离技术。如图 5-35 所示，防火墙是在两个网络通信时执行的一种访问控制尺度，能允许你"同意"的人和数据进入你的网络，同时将"不同意"的人和数据拒之门外，最大限度地阻止网络中的黑客来访问你的网络，防止他们更改、复制、毁坏你的重要信息。目前，各家杀毒软件的厂商都会提供个人版防火墙软件，防病毒软件中都含有个人防火墙，所以可用同一张光盘运行个人防火墙安装，重点提示防火墙在安装后一定要根据需求进行详细配置。合理设置防火墙后应能防范大部分的蠕虫入侵。

图 5-35　防火墙

3．分类设置密码并使密码设置尽可能复杂

在不同的场合使用不同的密码。网上需要设置密码的地方很多，如网上银行、上网账户、Email、聊天室以及一些网站的会员等，应尽可能使用不同的密码，以免因一个密码泄露导致所有资料外泄。重要的密码（如网上银行的密码）一定要单独设置，并且不要与其他密码相同。设置密码时要尽量避免使用有意义的英文单词、姓名缩写生日、电话号码等容易泄露的字符作为密码，最好采用字符与数字混合的密码。不要贪图方便在拨号连接的时候选择"保存密码"选项；定期修改自己的上网密码，至少一个月更改一次，这样可以确保即使原密码泄露，也能将损失减小到最少。

4．不下载来路不明的软件及程序，不打开来历不明的邮件及附件

不下载来路不明的软件及程序。几乎所有上网的人都在网上下载过共享软件（尤其是可

执行文件），在带来方便和快乐的同时，也会悄悄地把一些不欢迎的东西带到你的计算机中，如病毒。因此应选择信誉较好的下载网站下载软件，将下载的软件及程序集中放在非引导分区的某个目录，在使用前最好用杀毒软件查杀病毒。有条件的话，可以安装一个实时监控病毒的软件，随时监控网上传递的信息。不要打开来历不明的电子邮件及其附件，以免遭受病毒邮件的侵害。网络上有许多病毒流行，有些病毒就是通过电子邮件来传播的，这些病毒邮件通常会以带有噱头的标题来吸引你打开其附件，如果抵挡不住它的诱惑，而下载或运行了它的附件，就会受到感染，所以对于来历不明的邮件应当将其拒之门外。

5. 警惕"网络钓鱼"

目前，网上一些黑客利用"网络钓鱼"手法进行诈骗，如建立假冒网站或发送含有欺诈信息的电子邮件，盗取网上银行、网上证券或其他电子商务用户的账户密码，从而窃取用户资金。公安机关和银行、证券等有关部门提醒网上银行、网上证券和电子商务用户对此提高警惕，防止上当受骗。目前"网络钓鱼"的主要手法有以下几种方式。

（1）发送电子邮件，以虚假信息引诱用户中圈套

诈骗分子以垃圾邮件的形式大量发送欺诈性邮件，这些邮件多以中奖、顾问、对账等内容引诱用户在邮件中填入金融账号和密码，或是以各种紧迫的理由要求收件人登录某网页，提交用户名、密码、身份证号、信用卡号等信息，继而盗窃用户资金。

（2）建立假冒网上银行、网上证券网站，骗取用户账号密码实施盗窃

犯罪分子建立域名和网页内容都与真正网上银行系统、网上证券交易平台极为相似的网站，引诱用户输入账号密码等信息，进而通过真正的网上银行、网上证券系统或者伪造银行储蓄卡、证券交易卡盗窃资金。有的利用跨站脚本，即利用合法网站服务器程序的漏洞，在站点的某些网页中插入恶意 HTML 代码，屏蔽一些可以用来辨别网站真假的重要信息，利用 Cookies 窃取用户信息。

（3）利用虚假的电子商务进行诈骗

此类犯罪活动往往是建立电子商务网站，或是在比较知名、大型的电子商务网站上发布虚假的商品销售信息，犯罪分子在收到受害人的购物汇款后就销声匿迹。

（4）利用木马和黑客技术等手段窃取用户信息后实施盗窃活动

木马制作者通过发送邮件或在网站中隐藏木马等方式大肆传播木马程序，当感染木马的用户进行网上交易时，木马程序即以键盘记录的方式获取用户账号和密码，并发送给指定邮箱，用户资金将受到严重威胁。

（5）利用用户弱口令等漏洞破解、猜测用户账号和密码

不法分子利用部分用户贪图方便设置弱口令的漏洞，对银行卡密码进行破解。

实际上，不法分子在实施网络诈骗的犯罪活动过程中，经常采取以上几种手法交织、配合进行，有的通过手机短信、QQ、MSN 进行各种各样的"网络钓鱼"不法活动。反网络钓鱼组织（Anti-Phishing Working Group，APWG）最新统计指出，约有 70.8% 的网络欺诈是针对金融机构。从国内前几年的情况看，大多网络钓鱼只是被用来骗取 QQ 密码、游戏点卡与装备，但目前国内的众多银行已经多次被网络钓鱼。可以下载一些工具来防范网络钓鱼活动，如 Netcraft Toolbar，该软件是 IE 上的 Toolbar，当用户开启 IEK 中的网址时，就会检查是否属于被拦截的危险或嫌疑网站，若属此范围，就会停止连接到该网站，并显示提示。

6. 防范间谍软件

最近公布的一份家用计算机调查结果显示，大约80%的用户对间谍软件入侵他们的计算机毫不知晓。间谍软件（Spyware）是一种能够在用户不知情的情况下偷偷进行安装（安装后很难找到其踪影），并悄悄把截获的信息发送给第三者的软件。它的历史不长，到目前为止，间谍软件数量已有几万种。间谍软件的一个共同特点是能够附着在共享文件、可执行图像以及各种免费软件中，并趁机潜入用户的系统，而用户对此毫不知情。间谍软件的主要用途是跟踪用户的上网习惯，还可以记录用户的键盘操作，捕捉并传送屏幕图像。间谍程序总是与其他程序捆绑在一起，用户很难发现它们是什么时候被安装的。一旦间谍软件进入计算机系统，要想彻底清除它们就会十分困难，而且间谍软件往往成为不法分子手中的危险工具。

从一般用户能做到的方法来讲，要避免间谍软件的侵入，可以从下面3个途径入手。

① 把浏览器调到较高的安全等级。Internet Explorer 预设为提供基本的安全防护，但可以自行调整其等级设定。将安全等级调到"高"或"中"，可有助于防止下载。

② 在计算机上安装防止间谍软件的应用程序，时常监察及清除间谍软件，以阻止软件对外进行未经许可的通信。

③ 对将要在计算机上安装的共享软件进行甄别选择，尤其是那些不熟悉的，可以登录其官方网站了解详情；在安装共享软件时，不要总是心不在焉地一直单击OK按钮，而应仔细阅读各步骤出现的协议条款，特别留意那些有关间谍软件行为的语句。

7. 只在必要时共享文件夹

不要以为你在内部网上共享的文件是安全的，其实在共享文件的同时就会有软件漏洞呈现在网络的不速之客面前，公众可以自由地访问你的那些文件，并很有可能被有恶意的人利用和攻击。因此，共享文件应该设置密码，一旦不需要共享时立即关闭。一般情况下，不要设置文件夹共享，以免成为居心叵测的人进入你的计算机的跳板。如果确实需要共享文件夹，一定要将文件夹设为只读。通常，共享设定"访问类型"不要选择"完全"选项，因为这一选项将导致只要能访问这一共享文件夹的人员就都可以将所有内容进行修改或者删除。

不要将整个硬盘设定为共享。例如，某个访问者将系统文件删除，将导致计算机系统全面崩溃，无法启动。

8. 不要浏览黑客网站、色情网站

这点毋庸多说，不仅是道德层面，时下许多病毒、木马和间谍软件都来自于黑客网站和色情网站，如果上了这些网站，你的个人计算机恰巧又没有缜密的防范措施，那么计算机很有可能被攻击。

9. 定期备份重要数据

数据备份的重要性毋庸置疑，无论你的防范措施做得多么严密，也无法完全防止"道高一尺，魔高一丈"的情况出现。如果遭到致命的攻击，操作系统和应用软件可以重装，但重要的数据就只能靠日常的备份，所以，无论采取了多么严密的防范措施，也不要忘了随时备份你的重要数据，做到有备无患！

5.8.2　任务案例：个人计算机安全防护措施

由于现在个人计算机所使用的操作系统多数为 Windows 系列，本任务将介绍基于 Windows 操作系统的安全防范方法。

【案例 5-7】　个人计算机安全防护措施。

【操作步骤】

<1> 安装防火墙以提升个人计算机安全级别，及时检测未知情况。打开"控制面板"，选择"Windows 防火墙"，如图 5-36 所示，在左侧的控制面板主页中，选择"打开或关闭 Windows 防火墙"→"启用 Windows 防火墙"，如图 5-37 所示。

图 5-36　Windows 防火墙

图 5-37　Windows 防火墙设置

安装个人防火墙并及时更新安装系统补丁、更新补丁，以修补系统漏洞，如果不做到这点，不法分子可能乘虚而入，盗取信息。

<2> 使用 360 安全卫士，如图 5-38 所示，进行计算机体检、木马查杀和清理。

<3> 使用 360 等杀毒工具，如图 5-39 所示，进行病毒查杀和病毒库更新。

图 5-38　360 安全卫士

图 5-39　360 杀毒

任务 5.9　练一练

5.9.1　通过电子邮件发送附件

1．目的

掌握通过电子邮件发送附件的方法。

2．操作要求

收发电子邮件需要一个邮箱，以 QQ 邮箱为例，步骤如下：

<1> 登录 mail.qq.com，输入用户名和密码，进入自己的邮箱。

<2> 在邮箱界面上单击"写信"，然后输入收件人地址，可以同时发送邮件给很多人，也可以在"联系人"中直接鼠标添加多个联系人，然后输入邮件内容发送即可。

<3> 如果需要给朋友发送文件,可以在发送邮件的时候添加附件。找到需要发送的文件添加进来,也可以继续添加多个文件,然后随正文发送。

5.9.2 组建家庭无线局域网

1．目的

(1) 熟悉无线局域网的组建方法。
(2) 了解组建家庭无线局域网所用的网路设备及传输介质。
(3) 学会无线路由器的基本使用方法。
(4) 掌握无线终端设备接入无线局域网的方法。

2．操作要求

如图 5-40 所示,准备无线路由器,台式机和笔记本各 1 台,以及若干移动终端设备。

图 5-40　网络连接图

<1> 将无线路由器的 WAN 接口连接至 Modem,实现 Internet 连接共享。无线路由器的 LAN 接口连接至台式计算机的普通网卡,实现无线与有线的相互通信。

<2> 通过台式计算机的 Web 浏览器输入路由器的 IP 地址"http://192.168.1.1"。按照路由器说明书或参照 5.3.2 节 "无线路由器初始配置",对路由器进行基本配置。

<3> 使用笔记本、手机等无线设备,通过配置好的无线网络进行联网测试。

5.9.3 组建最简单的局域网

1．目的

(1) 熟悉小型局域网的组建方法。
(2) 了解组建小型局域网所用的网路设备及传输介质。
(3) 学会交换机的基本使用方法。
(4) 掌握计算机 IP 地址的配置。

2．操作要求

准备一台交换机(Switch),4 台计算机和 4 根双绞线电缆。

<1> 用双绞线电缆把各台计算机网卡接口与交换机端口连接到一起,一个简单的网络就搭建成功了,如图 5-41 所示。

<2> 为每台计算机分别配置 IP 地址,可以为 192.168.0.2~192.168.0.254 之间的任一地址,如图 5-42 所示。其中,192.168.0 为网段名,就是这个网的编号为这个;"1" ~ "254"为客户机的编号,一般"1"留给网关主机,而"255"作为广播地址,不能给客户机使用。

图 5-41 网络连接图

图 5-42 IP 地址配置

<3> 设置文件或文件夹的共享,并在不同的计算机上进行访问。

5.9.4 浏览器与搜索引擎的使用

1. 目的

(1) 熟悉 IE 浏览器的使用和窗口组成,学会设置 IE 浏览器。
(2) 学会保存网页上的有用信息。
(3) 学会使用 IE 的收藏夹。
(4) 学会编辑和收发电子邮件。
(5) 学会百度搜索的基本方法。
(6) 学会百度的高级搜索方法和搜索技巧。

2. 操作要求

(1) 用 IE 浏览新浪网,网址为"www.sina.com.cn"。
(2) 将该网页放入收藏夹,按照个人喜好,对收藏夹进行整理。
(3) 保存浏览网页上的文字和图片。
(4) 利用百度的基本搜索方法:一般搜索、减除搜索、并行搜索等,寻找感兴趣的主题,如"汽车"、"汽车、大众公司"、"奥迪品牌、A6L"等。
(5) 练习百度的高级搜索方法,掌握一些常用的搜索技巧。
(6) 申请一个电子邮箱,将搜索到的内容编辑成一个附件,发送到所申请的新邮箱中。

5.9.5　360安全卫士的使用

1．目的

（1）熟悉360安全卫士软件的界面。
（2）了解360安全卫士的"常用""杀木马""杀毒""实时保护""软件管家"等模块。
（3）学会"常用"功能模块中的"清除插件""清除垃圾""修复漏洞""修复IE"等选项。
（4）学会"杀毒""杀木马"的基本方法。
（5）学会"实时保护"计算机的基本设置方法。

2．操作要求

（1）利用搜索引擎查找"360安全卫士"软件免费下载的官方地址，了解其功能和特点。
（2）下载最新版的"360安全卫士"软件，并进行安装。
（3）查看"360安全卫士"的界面及主要功能模块。
（4）启动"360安全卫士"的"实时保护"功能。
（5）练习"常用"模块中的"清除插件""清除垃圾""修复漏洞""修复IE"等功能。
（6）练习杀毒、杀木马和系统升级等功能。

习 题 5

1．简答题

（1）简述计算机网络的定义。
（2）按覆盖地域范围的大小，简述计算机网络的分类情况。
（3）简述计算机网络的主要功能和应用。
（4）常用网络设备主要有哪些？
（5）网络的有线传输介质主要有哪些？
（6）什么是IP地址？什么是域名？
（7）局域网、广域网、Internet的特点和功能是什么？
（8）常用的Internet应用有哪些？
（9）安全上网的基本要求包括哪些内容？

2．上机题

（1）通过Ipconfig指令查看当前的TCP/IP网络配置。
（2）通过Ping指令验证与远程计算机的连接。
（3）打开与好友聊天的对话框，单击应用，找到"远程协助"选项。邀请好友"接受"，成功建立连接后，远程控制对方的计算机。
（4）在淘宝或者京东商城上搜索一本自己喜欢的书。

第 6 章 人工智能基础
Chapter 6

本章学习目标

⊙ 了解人工智能的发展。
⊙ 了解人工智能的应用领域。
⊙ 了解人工智能的关键技术。
⊙ 了解人工智能的未来发展。
⊙ 掌握 Python 的编程基础。

人工智能是一门新兴的交叉学科，涉及自然科学和社会科学的多门学科，包括计算机、数学、逻辑、思维、生理、心理、电子、语言、自动化、光学、声学等。

最近 20 年来，人工智能技术高速发展，在当代经济、社会生活中正在起到越来越重要的作用。从专家系统到手术机器人，从智能安防系统到智能导购，从个人助理到汽车自动驾驶，人工智能正在深入到人类社会的方方面面，并在不断改变着人类生产和生活的方式。

任务 6.1 人工智能的发展

6.1.1 知识导读：人工智能发展简史

1950 年，英国著名的数学家、逻辑学家艾伦·图灵发表了一篇论文《机器能思考吗》，预言了制造具有真正智能的机器的可能性。正因为这篇论文，艾伦·图灵赢得了人工智能之父的美誉。由于"智能"不太能够进行定量分析，他提出了著名的图灵测试。

图灵测试是一种测试机器智能的方法，规定测试者（一般是人）与被测试者（一般是机器）在视觉上应被隔开，测试者通过一些装置（如键盘）向被测试者随意进行提问，根据被测试者回答问题的情况，测试者需要判断被测试者到底是人还是机器。再多找一些测试者完成同样的测试，如果有 30%或更多的测试者不能确定被测试者到底是人还是机器，那么就认为这台机器通过了测试，并判定这台机器具有人类的智能。

1956 年 8 月，在美国新罕布什尔州的汉诺威小镇，计算机科学家、认知科学家约翰·麦卡锡（John McCarthy）发起并成功组织了达特茅斯会议，参与者包括人工智能与认知学专家马文·闵斯基（Marvin Minsky）、信息论的创始人克劳德·香农（Claude Shannon）、计算机科学家艾伦·纽厄尔（Allen Newell）、计算机科学及心理学教授赫伯特·西蒙（Herbert Simon）等著名科学家，会议确定了"人工智能"这个名称，并确立了其任务是用机器来模仿人类学习以及其他方面的智能。参会的每位科学家都为人工智能的发展做出了重要的贡献。从此，人工智能成为计算机科学下的一个独立的分支学科。

1956—1974 年，人工智能经历了第一次发展高潮。这一时期是人工智能发展的黄金年代，科学家用计算机证明数学定理、解决代数应用题。其中最出色的成就是纽厄尔和西蒙编制的一个计算机程序，名字叫逻辑理论家，该程序证明了《数学原理》中全部 52 条定理，其中一些定理的证明方法甚至比原著更巧妙。人们几乎无法相信计算机可以如此智能。这些成果让研究者对人工智能的未来充满信心，认为完全智能的机器人有望 20 年内就能出现。

1974—1980 年，人工智能的发展经历了第一次低谷。人们渐渐发现，仅仅具有逻辑推理能力，并不能够使计算机具有人类的智能，囿于计算机运行速度和存储容量的限制，许多难题并没有随着时间推移而被解决。人工智能发展缓慢，很多人工智能系统一直停留在玩具阶段。人们对人工智能期望过高，又没有显著的研究成果和进展，人工智能开始遭遇批评，人工智能项目的研究经费被转移到其他项目上。人工智能遭遇了为期 6 年左右的第一次低谷。

1980—1987 年，人工智能经历了第二次发展高潮。这一时期，一类名为"专家系统"的人工智能程序得到了蓬勃的发展和广泛的应用，成为人工智能研究的热点。专家系统是一种计算机程序，一般被限制于一个较小的知识领域，程序从该领域的专门知识中推演出逻辑规则，用于解决或者回答这一特定领域的问题。典型的项目是卡耐基·梅隆大学为 DEC 公司设计的一个名为 XCON 的专家系统，可以每年为 DEC 公司节约 4000 万美元。在此期间，日本推出了第五代计算机计划，其目标是造出能够与人对话、翻译语言、解释图像，并且像人一样推理的机器。其他国家纷纷作出响应。与此同时，John Hopfield 发明了 Hopfield 网络，解决了著名的旅行商（TSP）问题。David Rumelhart 提出反向传播（Back Propagation，BP）算法，解决了多层神经网络的学习问题。神经网络被广泛应用于模式识别、故障诊断、预测和智能控制等多个领域。

1987—1993 年，人工智能发展经历了第二次低谷。每个专家系统的应用领域都很狭窄，且需要有专门的知识库，知识库的获取和维护费用居高不下，人工智能项目的投入与产出不成比例，人们渐渐对人工智能失去了信心。与此同时，日本的第五代计算机发展计划也宣告失败，人工智能的发展第二次跌入低谷。

从 1993 年开始，人工智能的发展进入第三次发展高潮。随着科学技术的发展，计算机的运行速度越来越快、存储容量越来越大，硬件成本越来越低，原来无法用计算机存储和处理海量数据的问题得到了一定程度的解决，原来一些复杂算法无法用计算机实现的问题也取得了长足的进步。大数据、云计算以及计算机算法为人工智能的高速发展奠定了基础。在科学家和研究者的不懈努力下，人工智能在诸多领域不断取得突破性成果，掀起新一轮高潮。

1997 年，IBM 研发生产的国际象棋电脑深蓝（DeepBlue）战胜国际象棋世界冠军卡斯帕罗夫，在全世界范围内引起轰动。

2006 年，神经网络之父杰弗里·欣顿（Geoffrey Hinton）提出深度学习的概念。在其后的时间里，借助深度学习技术，包括在语音识别、计算机视觉在内的诸多领域都取得了突破性的进展。

2011 年 2 月，IBM 的问答机器人 Watson 在美国问答节目《Jeopardy!》上击败两位人类冠军选手。

2012 年 10 月，微软在"21 世纪的计算"大会上展示了一个全自动同声传译系统，它将演讲者的英文演讲实时转换成与他的音色相近、字正腔圆的中文。

2016 年 3 月，Google 的围棋人工智能系统 AlphaGo 与围棋世界冠军、职业九段选手李世石进行人机大战，并以 4∶1 的总比分获胜。

2016 年末至 2017 年初，AlphaGo 在两个公开围旗网站上与中日韩数十位围棋高手进行快棋对决，连胜 60 局，无一败绩，包括对当今世界围旗第一人柯洁连胜三局。

2017 年 1 月，百度的小度机器人在《最强大脑》中战胜人类"脑王"。

2017 年 2 月，搜狗的问答机器人汪仔在《一站到底》中战胜哈佛女学霸。

2017 年 2 月，卡耐基·梅隆大学的人工智能系统 Libratus 在长达 20 天的德州扑克大赛中，打败 4 名世界顶级德州扑克高手，赢得 177 万美元筹码。

当代社会，人工智能在许多领域快速发展，正在深刻地改变着人类社会的方方面面。

6.1.2 知识拓展：人工智能定义

人工智能这个词可以分为两部分，即"人工"和"智能"。"人工"比较容易理解，争议性也不大，人工就是人造的或者人发明的，而不是自然或天然生成的。当然，有时人们会考虑一些其他问题，如什么是人力所能制造的，或者人自身的智能程度有没有高到可以创造人工智能的地步，等等。但总的来说，"人工"就是通常意义下的人工系统。

关于"智能"，问题就要复杂得多，涉及许多概念，如意识、自我、思维（包括无意识的思维）等。普遍认为，人本身的智能是人们唯一了解的智能，但这种了解也不够深入，人们对构成人的智能的组成元素了解也有限，所以很难定义到底什么是"人工"制造的"智能"了。因此，人工智能的研究往往涉及对人的智能本身的研究。其他关于动物或其他人造系统的智能也普遍被认为是人工智能相关的研究课题。

人工智能在计算机领域内得到了越来越广泛的重视，并在机器人、经济、政治决策、控制系统、仿真系统中得到应用。

尼尔逊教授对人工智能下了这样一个定义："人工智能是关于知识的学科——怎样表示知识以及怎样获得知识并使用知识的科学。"另一个美国麻省理工学院的温斯顿教授认为："人工智能是研究如何使计算机去做过去只有人才能做的智能工作。"这些说法反映了人工智能学科的基本思想和基本内容。即人工智能是研究人类智能活动的规律，构造具有一定智能的人工系统，研究如何让计算机去完成以往需要人的智力才能胜任的工作，也就是研究如何应用计算机的软、硬件来模拟人类某些智能行为的基本理论、方法和技术。

人工智能是计算机学科的一个重要的分支。20 世纪 70 年代，有人称人工智能是世界三大尖端技术之一（其余两项为空间技术和能源技术）。到了 21 世纪，人工智能仍然是三大尖端技术之一（其余两项是基因工程和纳米科学）。近 30 年来，人工智能获得了高速发展，在许多学科领域都获得了广泛应用，取得了丰硕的成果，无论从理论上还是从实践上来看，人工智能都已经自成系统，发展成为计算机学科下的一个极为重要的独立分支。

用计算机来模拟或实现人的某些思维过程和智能行为（如学习、推理、思考、规划等），是人工智能学科的主要研究对象，包括如何用计算机实现智能的原理的研究，如何制造类似于人脑智能功能的计算机，并应用于合适的场景，改善人类的生产和生活。人工智能涉及的学科有计算机、心理学、语言学、工业科学、农业科学等，其研究和应用领域几乎涉及所有的自然科学和社会科学，远远超出了计算机科学的范畴。

任务 6.2　人工智能的应用

进入 21 世纪，人工智能技术发展迅猛，在金融领域、电商零售、医疗、智能安防、教育、个人助理、自动驾驶等领域得到了广泛的研究和应用。

1. 金融领域

人工智能在金融领域的应用，主要是通过机器学习、语音识别、视觉识别等技术来分析、预测、辨别交易数据、价格趋势等信息，从而为投资人提供信贷、理财、投资等服务，同时具有规避金融风险，提高金融监管力度等功能。人工智能主要应用在智能投顾、智能客服、金融监管等方面。

目前，较为领先的国内企业有蚂蚁金服、交通银行、大华股份等，国外企业有 Welthfront、Kensho、Promontory 等。

2. 电商零售

人工智能在电子商务、商品零售领域的应用，主要是利用大数据分析技术，进行智能仓储管理与物流、导购等，可以起到节省仓储物流成本、为客户购物提供便利、简化购物程序等作用，主要应用在仓储物流、智能导购和客服等场合。

目前，较为领先的企业有亚马逊、京东、阿里巴巴、梅西百货等。

3. 医疗健康

人工智能在医疗健康领域的应用，主要是通过大数据分析，协助医生完成病症诊断，减少误诊的发生。同时，外科手术机器人也得到了一定的应用；在治疗康复方面，基于人工智能技术的仿生机械肢也有一些应用。应用场合包括医疗健康的监测诊断、智能医疗设备等。

较知名的企业有华大基因、碳云智能、Intuitive Surgical 等。

4. 智能安防

在安防系统中，每时每刻都会产生大量的图像和视频信息，这些数据中包含大量的冗余信息，需要人工介入来处理，成本较高且效率低。智能安防主要就是为了解决数据处理智能化、业务智能化等问题。人工智能在安防领域的应用主要依靠视频智能分析技术，通过对监控画面的智能分析采取安防动作。主要应用包括智能监控和安保机器人等。

目前，较为领先的应用企业有旷视科技、格林深瞳、360、尚云在线等。

5. 教育

在教育领域，人工智能可以实现对知识的归类，利用大数据分析技术，通过算法计算最佳学习曲线，为使用者设计高效的学习模式。另外，针对儿童的幼教机器人可以通过深度学习、语音识别技术实现与儿童进行情感交流的功能。智能教育的主要应用包括智能评测、个性化辅导、儿童陪伴等。

目前，行业中较为知名的企业有科大讯飞、云知声等公司。

6. 个人助理

在个人助理领域，人工智能系统应用较多且相对成熟。通过智能语音识别、自然语言处理、大数据技术、深度学习以及神经网络，实现人机交互。个人助理系统通过输入设备接收文本、语音等信息后，通过识别、搜索、分析后，将用户所需要的信息反馈给使用者。目前，安装于智能手机上的个人助理系统最多，还有家族管家、陪护机器人等。

较为知名的个人助理系统有微软小娜和小冰、苹果 Siri、Google Assistant、Facebook Messenger 的 M 虚拟助手、百度度秘、讯飞输入法、Amazon Echo、叮咚智能音箱、扫地机器人、软银 Pepper 机器人等。

7. 自动驾驶

人工智能在自动驾驶领域的研究与应用最为深入。通过机器视觉、深度学习、图形图像处理、机器人、传感器等技术，以及全球定位系统协同合作，可以使计算机在没有驾驶员主动操作的情况下，安全地进行驾驶操作。自动驾驶系统主要由环境感知、决策协同、控制执行等部分组成。

目前，领先的企业主要有谷歌、特斯拉、百度、Uber、奔驰、京东、亚马逊等。

任务 6.3　人工智能的关键技术

人工智能是自然科学与社会科学的交叉学科，是一门新兴的边缘科学，涉及数学、逻辑、思维、生理、心理、计算机、电子、语言、自动化、光学、声学等学科。其中最关键的技术可描述如下。

1. 机器学习

机器学习（Machine Learning）是近20多年兴起的一门多领域交叉学科，是一门专门研究计算机怎样模拟或实现人类的学习行为，以获取新的知识或技能，重新组织已有的知识结构使之不断改善自身的性能的学科。机器学习与概率论、数理统计、函数逼近论、凸分析、算法复杂度理论等多门学科相关，主要研究和设计让计算机可以自动进行"学习"的算法，这些算法可以通过对大量数据进行统计分析以获得规律，并利用规律对未知数据做出预测。因机器学习算法与统计学理论密切相关，因此也被称为统计学习理论。

20世纪50年代，美国的塞缪尔（Samuel）设计了一个跳棋程序，该程序可以在不断的下棋过程中不断改善自己的棋艺。几年后，这个程序与康涅狄格州的西洋跳棋冠军公开对抗并获胜，向人们展示了机器学习的强大能力。

AlphaGo是一个围棋人工智能程序，由谷歌公司开发。2016年3月，AlphaGo与围棋世界冠军、职业九段棋手李世石进行人机大战，以4比1的总比分获胜；2016年末到2017年初，该程序在中国棋类网站上以"大师"（Master）为注册账号与中日韩几十位围棋高手进行快棋对决，连续60局无一败绩；2017年5月，在中国乌镇围棋峰会上，它与排名世界第一的世界围棋冠军柯洁对战，以3比0的总比分获胜。与20年前深蓝在国际象棋人机大战中战胜世界冠军卡斯帕罗夫不同，AlphaGo并非仅仅依赖强悍的计算能力和大量的棋谱获胜，而是拥有深度学习的能力，AlphaGo能在下棋过程中不断学习并积累经验。这与人类棋手的成长过程非常相似，但它成长的速度比人类棋手快得多。

机器学习是一种让计算机在事先没有明确的程序的情况下做出正确反应的能力，是计算机模拟或实现人类的学习行为，以获取新的知识或技能，重新组织已有的知识结构使之不断改善自身性能的一种方法，是人工智能的核心，也是使计算机具有智能的根本途径。但是机器学习仍然主要使用归纳、综合而不是演绎的方式来进行学习。

2. 数据挖掘与大数据

在学习之前，先来看一个有趣的故事，叫做"尿布与啤酒"。在一家超市里有一个有趣的现象：尿布和啤酒赫然摆在一起出售。但是这个奇怪的举措却使尿布和啤酒的销量双双增加了。这不是一个笑话，而是发生在美国沃尔玛超市的真实案例，并一直为商家所津津乐道。

沃尔玛拥有世界上最大的数据仓库系统，为了能够准确了解顾客在其门店的购买习惯，沃尔玛对其顾客的购物行为进行分析，想知道顾客经常一起购买的商品有哪些。沃尔玛数据仓库里集中了其各门店的详细原始交易数据。在这些原始交易数据的基础上，沃尔玛利用数据挖掘方法对这些数据进行分析和挖掘。一个意外的发现是：跟尿布一起购买最多的商品竟是啤酒！经过大量实际调查和分析，揭示了一个隐藏在"尿布与啤酒"背后的美国人的一种行为模式：在美国，一些年轻的父亲下班后经常要到超市去买婴儿尿布，而他们中有30%～40%的人同时为自己买一些啤酒。产生这一现象的原因是：美国的太太们常叮嘱她们的丈夫下班后为小孩买尿布，而丈夫们在买尿布后又随手带回了他们喜欢的啤酒。

按照人们通常的想法，尿布与啤酒根本没有任何关系，若不是借助数据挖掘技术对大量交易数据进行分析，沃尔玛很难发现隐藏在数据中的这一个有趣并且很有价值的规律。

近几十年来，计算机存储设备和数据库系统得到了快速的发展，人们收集数据的能力大大增强，很多部门已经积累了大量的数据，但计算机收集和存储数据的能力远远超过了其从数据中进行分析、总结和提取知识的能力。面对海量的数据，人们希望计算机能自动智能地分析并抽取出其中蕴涵的知识和信息，因为人们深深认识到，数据中蕴藏着宝贵的信息，而这些信息对于社会发展、科学研究或政策的制定，具有显著的经济效益或社会效益，由此提出了数据挖掘的概念。

数据挖掘（Data Mining），又译为资料探勘、数据采矿，是数据库知识发现（Knowledge-Discovery in Databases，KDD）中的一个步骤。数据挖掘一般是指从大量的数据中通过算法搜索隐藏于其中信息的过程。数据挖掘通常与计算机科学有关，并通过统计、在线分析处理、情报检索、机器学习、专家系统（依靠过去的经验法则）和模式识别等诸多方法来实现上述目标。

3．语音识别

人工智能科技研究的第一项技术就是语音识别。在很长的一段时间里，人们与计算机通过键盘和鼠标交流，与计算机"沟通"需要学会打字、按键等操作；移动互联网时代，人们与智能手机通过触摸屏幕交流，只要滑动手指即可完成交互任务；未来智能时代，机器将更像人类的一员，与它的交互方式将更趋同于与人类之间的语言交互。因此，语音识别将是未来人机交互的重要手段，如果不能做到这一点，这台机器可能会被认为不够"智能"。而想要做到像"人"一样交流，机器就必须具备语音识别技术。

语音识别是一门交叉学科，涉及的领域包括信号处理、模式识别、概率论和信息论、发声机理和听觉机理、人工智能等。预计，在不久的将来，语音识别将进入工业、家电、通信、汽车电子、医疗、家庭服务、消费电子产品等领域。

近年来，借助深度学习技术的研究和发展，以及大量语音资料的积累，语音识别技术得到了突飞猛进的发展，开始逐渐从实验室走向市场。

2017年3月，IBM结合了LSTM模型和带有3个强声学模型的WaveNet语言模型，"集中扩展深度学习应用技术终于取得了5.5%词错率的突破"，相对应的是2016年5月的6.9%。

2017年8月，微软通过改进其语音识别系统中基于神经网络的听觉和语言模型，在2016年基础上降低了大约12%的出错率，词错率降到5.1%，声称超过专业速记员。

近50年来，语音识别一直是一个热门的研究领域，但是构建能够理解人类语言的机器仍旧是人工智能最具挑战性的问题之一，要实现这一目标有许多困难和技术难题。其一是噪音环境下的语音识别。如果环境比较安静并近距离使用麦克风，现在的语音识别的识别率已经可以达到实用的程度，但在噪音环境下，特别是在其他人的声音干扰的情况下，识别率仍然较低。其二是方言问题。我国各地的方言一直是中文语音识别中的特色难题，由于各地方言差异很大，很难通过人工智能来对这些方言进行识别。其三是多义字词的理解难题，识别一个人语音中的细微差别对于计算机来说是很困难的。比如当一个中文用户说"好"的时候，他的意思是表示肯定的"好！"，还是表示同意的"好。"，还是表示疑问的"好？"，计算机很难分辨。

4．机器视觉

机器视觉是人工智能领域中发展很快的一个分支。简单来说，机器视觉就是用机器代替人眼来做观察和判断。机器视觉系统用摄像头将目标物体及其环境转换成图像信号，传送给专用的图像处理系统，得到目标物体的形态信息，再根据像素分布和亮度、颜色等信息，通过运算来抽取目标的特征，根据结果来控制现场的设备动作。

机器视觉系统最基本的应用，就是提高生产的灵活性和自动化程度。在一些不适于人工作业的危险工作环境或者人工视觉难以满足要求的场合，常用机器视觉来替代人工视觉。同时，在大批量重复性工业生产过程中，用机器视觉检测方法可以大大提高生产的效率和自动化程度。

无论是无人机送货，还是谷歌的自动驾驶，其背后都有计算机视觉技术的强大支持。这些无人参与操作的智能设备首先是要有一个"大脑"，即用计算机代替人脑来处理大量复杂的数据信息。其次，都需要"眼睛"来感知周围环境并做出及时且正确的反应。这些智能机器的"大脑"由一组高性能 CPU 芯片组成，其"眼睛"则是由摄像头、视觉处理器（VPU）和专有的软件系统实现。这种"眼睛"背后的驱动力就是机器视觉或计算机视觉技术。

作为计算机科学的一个分支，计算机视觉最早开始于 20 世纪 70 年代的人工智能研究。从工程学的角度来看，它是利用计算机来实现人类视觉系统可以完成的任务，主要包括数字图像和 3D 图像的采集、处理和分析方法。其应用领域主要有医疗成像、工业机器人自动检测、安保和统计、人机交互等。

任务 6.4　人工智能的未来发展

人工智能等同于机器智能，是集计算机科学、信息论、控制论、神经生理学、心理学、语言学等学科相互交叉渗透而发展起来的一门综合性学科。从计算机应用技术方面出发，人工智能是研究如何制造智能机器或智能系统，来模拟人类智能活动的能力，以延伸人们智能的科学。如果仅从技术的角度来看，人工智能需要解决的问题是如何使计算机表现得更智能化，以便于计算机能灵活高效地为人类服务。

技术的发展总是超乎人们的想象，要准确地预测人工智能的未来是不可能的。但是，从目前的一些前瞻性研究可以看出，未来人工智能可能会向以下几方面发展：并行化、模糊处理、神经网络和机器情感。人工智能的发展必须有人类智能的支持，否则无法实现。按照事物发展的辩证规律，人工智能应该不会与人类智能相对独立和平行地向前发展，而是人和"机"的相辅相成，一起共同更好地发展。只有对人类智能结构不断地做更透彻的研究和理解，才可能研究更高水平的人工智能。

1. 人工智能技术进入大规模商用阶段，人工智能产品全面进入消费级市场

华为已经发布了自主研发的人工智能芯片并将其应用在旗下智能手机产品中，苹果公司推出的 iPhone X 也采用了人工智能技术实现面部识别等功能。三星最新发布的语音助手 Bixby 则从软件层面对长期以来停留于"你问我答"模式的语音助手做出升级。人工智能借由智能手机已经与人们的生活越来越近。

零售巨头沃尔玛去年开始与机器人公司 Five Elements 合作，将购物车升级为具备导购和自动跟随功能的机器人。中国的零售企业苏宁也与一家机器人公司合作，将智能机器人引入门店用于接待和导购。餐饮巨头肯德基也曾与百度合作，在餐厅引入机器人度秘来实现智能点餐。

在商业服务领域的全面应用，正为人工智能的大规模商用打开一条新的出路。或许人工智能机器人占领商场等公共场所会比占领我们的客厅要来得更早一些。

2. 基于深度学习的人工智能的认知能力将达到人类专家顾问级别

过去几年，人工智能技术之所以能够获得快速发展，主要源于三个元素的融合：性能更强的神经元网络、价格低廉的芯片以及大数据。其中，神经元网络是对人类大脑的模拟，是深度学习的基础，对某一领域的深度学习将使得人工智能逼近人类专家顾问的水平，并在未来进一步取代人类专家顾问。当然，这个学习过程也伴随着大数据的获取和积累。

事实上，在金融投资领域，人工智能已经有取代人类专家顾问的迹象。在美国，从事智能投顾的不仅仅是 Betterment、Wealthfront 这样的科技公司，老牌金融机构也察觉到了人工智能对行业带来的改变。高盛和贝莱德分别收购了 Honest Dollar、Future Advisor，苏格兰皇家银行也曾宣布用智能投顾取代 500 名传统理财师的工作。

国内一家创业团队目前正在将人工智能技术与保险业相结合，在保险产品数据库基础上进行分析和计算搭建知识图谱，并收集保险行业的语音资料，为人工智能问答系统做数据储备，最终连接用户和保险产品。这对目前仍然以销售渠道为驱动的中国保险市场而言显然是个颠覆性的消息，很可能意味着销售人员的大规模失业。

关于人工智能的学习能力，凯文·凯利曾形象地总结说："使用人工智能的人越多，它就越聪明。人工智能越聪明，使用它的人就越多。"就像人类专家顾问的水平很大程度上取决于服务客户的经验一样，人工智能的经验就是数据以及处理数据的经历。随着使用人工智能专家顾问的人越来越多，未来几年人工智能有望达到人类专家顾问的水平。

3. 人工智能实用主义倾向显著，未来将成为一种可购买的智慧服务

事实上，大多数人在谈到人工智能时，首先想到的问题便是："人工智能到底可以做什么？""人工智能到底能够用在什么地方？""人工智能能够给人类解决哪些问题？"在人工智能技术的应用方面，中国的互联网企业似乎表现得更加实用主义。将主要精力投向人工智能领域的百度几乎把人工智能技术应用到了旗下所有产品和服务中，雄心勃勃展开 NASA 计划的阿里巴巴也致力于将技术推向"普惠"。

人工智能与不同产业的结合正使其实用主义倾向愈发显著，这让人工智能逐步成为一种可以购买的商品。吴恩达博士曾把人工智能比作未来的电能，"电"在今天已经成为一种可以按需购买的商品，任何人都可以花钱将电带到家中，可以用电来看电视，可以用电来做饭、洗衣服，未来可以用购买到的人工智能来打造智能家居系统，这是一样的道理。凯文·凯利此前也曾做过类似预判，他说，未来我们可能会向亚马逊或是中国的公司购买智能服务。

反过来，不同产业对人工智能技术的应用也加剧了人工智能的实用主义倾向。比如，特斯拉公司就是拿人工智能技术专门用来提升自动驾驶技术的，地图导航软件就是专门拿人工智能技术用来为用户规划出行路线的。它们更关注的是人工智能技术到底能为我的公司和我的用户带来什么。

说到底，人工智能是一个实用主义的东西。越来越多的医疗机构用人工智能诊断疾病，越来越多的汽车制造商开始使用人工智能技术研发无人驾驶汽车，越来越多的普通人开始使用人工智能作出投资、保险等决策。这意味着人工智能已经开始走出实验室，即将进入实用阶段。

4. 人工智能技术将严重冲击劳动密集型产业，改变全球经济生态

许多科技界的大佬一方面受益于人工智能技术，一方面又对人工智能技术发展过程中存在的威胁充满担忧。包括比尔·盖茨、埃隆·马斯克斯、蒂芬·霍金等人都曾对人工智能发展做出警告。尽管从目前来看对人工智能取代甚至毁灭人类的担忧还为时尚早，但毫无疑问人工智能正在抢走各行各业劳动者的饭碗。

人工智能可能引发的大规模失业是当下最为紧迫的一个问题。阿里巴巴董事局主席马云在一场大数据峰会上说："如果我们继续以前的教学方法，我可以保证，30年后我们的孩子们将找不到工作。"京东集团董事局主席刘强东则信誓旦旦地表示："5年后，给你送货的都将是机器人。"

事实上，机器人抢走人类劳动者饭碗的事情已经在全球上演。硅谷一家新兴的机器人保安公司 Knightscope 目前已与16个国家和地区签约使用其公司生产的 K5 监控机器人，其中包括中国。K5 将主要用于商场、停车场等公共场所，可以自动巡逻并能够识别人脸和车牌，K5 每小时的租金约为7美金。这意味着原本属于人类保安的酬劳现在要被机器人抢走了。

未来几年，人工智能导致的大规模失业将率先从劳动密集型产业开始。如制造业，在主要依赖劳动力的阶段，其商业模式本质上是赚取劳动力的剩余价值。而当技术成本低于雇佣劳动力的成本时，显然劳动力会被无情淘汰，制造企业的商业模式也将随之发生改变。再如物流行业，目前大多数企业实现了无人仓库管理和机器人自动分拣货物，接下来无人配送车、无人机也很有可能取代一部分物流配送人员的工作。

就我国目前的情况来看，正处于从劳动密集型产业向技术密集型产业过渡的过程中，难以避免地要受到人工智能技术的冲击，而经济相对落后的东南亚国家和地区因为廉价的劳动力优势仍在，受人工智能技术冲击较小。世界经济论坛2016年的调研数据预测，到2020年，机器人与人工智能的崛起，将导致全球15个主要的工业化国家510万个就业岗位的流失，多以低成本、劳动密集型的岗位为主。

这绝非危言耸听。人工智能终将改变世界，而由其导致的大规模失业和全球经济结构的调整，显然也属于"改变"的一部分。

任务6.5　认识 Python

我国人工智能行业正处于一个创新发展时期，对相关人才的需求也急剧增长。作为人工智能领域使用最广泛的编程语言，Python 学习已被上升到了国家战略层面。2017年8月，国务院印发的《新一代人工智能发展规划》提出，"实施全民智能教育项目，在中小学设置人工智能相关课程，逐步推广编程教育，鼓励社会力量参与寓教于乐的编程教学软件、游戏的开发和推广。支持开展人工智能竞赛，鼓励进行形式多样的人工智能科普创作。"

6.5.1　知识导读：Python 简介

1989年，荷兰人 Guido van Rossum 发明了一种面向对象的解释型程序设计语言，取名为 Python。Python 的源代码和解释器遵循 GPL 协议，是纯粹的自由软件。Python 作为一种通用的脚本开发语言，比其他编程语言（如 C/C++、Java 等）更加简单、易学，其面向对象特性

更加彻底，特别适合快速开发。另外，Python 在软件质量控制、开发效率、可移植性、组件集成、库支持等方面均处于先进地位。

几乎所有的编程语言都可以用来开发人工智能程序，如 C/C++、Java 等，但 Python 却是人工智能领域使用最多的编程语言，成为业界的主流，主要原因有以下几方面。

1. 简单

每种编程语言都有其特点。如 C/C++ 专业性很强，编写出来的程序运行速度特别快；再如 Java，其可移植性是所有程序设计语言中最强的，几乎可以做到"写一次，到处运行"。Python 语言编写的程序运行速度要比其他语言编写的程序慢，却能成为人工智能领域的主流编程语言，最主要的原因就是简单。针对一个特定功能的程序，用 C 语言编写可能需要 1000 行代码，用 Java 可能需要 100 行代码，但用 Python 可能只需要 20 行代码。Python 简单易学的特点决定了程序员可以很快地完成学习并上手工作，还可以在工作的过程中节约大量的编程、调试时间。当然，Python 的主要缺点是程序运行速度慢，但这个缺点可以用高速的 CPU 以及并行运算来抵消，也就是说，可以用稍微贵一点的 CPU 和并行运算来节约程序员的编程时间。有人说，Python 语言"高效"，这个"高效"不是指程序运行效率高，而是程序员编程的效率高。正是基于这方面的考虑，才有人说，"程序员是昂贵的，CPU 是便宜的"。也有人说，"人生苦短，我用 Python"，也是同样的道理。

2. 易学

Python 语言关键字较少，程序结构简单，有明确的语法，学习起来相对比较简单。Python 语言的入门时间是按天算的，而 C/C++ 语言的入门时间是按年算的。

3. 易于阅读维护

Python 语言编写的代码结构清晰，且一般较短，容易理解，便于修改维护。

4. 丰富的库

Python 库是能够完成一定功能的代码集合，可以提供给用户直接使用。除了标准库，Python 还拥有庞大的第三方库，程序员在编程的过程中，许多功能都可以通过直接调用库中的代码来实现。

5. 互动模式支持

程序员可以直接在终端输入代码片段并获得程序片段的执行结果，测试和调试工作变得更加简单。

6. 可移植性

由于其开源特性，Python 已经被移植到许多平台上，如 Linux、Windows、Windows CE、Android 等操作系统平台。程序员在其中一个平台上编写的程序，不加修改或者只做少量的修改，就可以直接拿到其他平台上运行。

7. 可扩展性

如果程序中一部分需要高效运行，或者一些关键代码不愿意公开，程序员可以使用 C 或 C++ 来完成这部分代码的编写，再在 Python 程序中调用这部分代码。

8. 数据库

Python 提供了所有主要商业数据库的接口，便于程序员在程序中使用数据库。

9. GUI 编程

Python 为用户提供了开发图形界面的库，如 Tkinter、wxPython、Jython 等，方便 Python 程序员方便地创建完整的、功能健全的 GUI 用户界面。

10. 可嵌入性

程序员可以将 Python 程序嵌入到 C 或 C++ 程序中，从而让 C 及 C++ 程序的用户拥有"脚本化"的能力。

6.5.2 任务案例：Python 编程入门

本节将介绍 Python 的下载安装、Shell 的基本应用、Python 的简单语法规则，最后通过一个猜数字的游戏程序来展现 Python 语言的独特魅力。

1. Python 的下载安装

用户可以直接到 Python 官网（https://www.python.org/）下载安装包。Python 官网提供了多个版本的安装程序，用户没必要追求高版本的安装包，相对来说，低版本的安装包由于发布的时间较长，可能会更稳定。除了安装包以外，官网还提供了许多 Python 的最新源码、二进制文档、新闻资讯等内容，方便用户查看使用。

打开 Web 浏览器访问 https://www.python.org/downloads/windows/，在下载列表中找到所需要的 Window 平台安装包，双击下载。下载完成后可直接双击安装，安装过程非常简单，只需要使用默认的设置，一直单击"下一步"，直到安装完成即可。

安装完成后，在"开始"菜单中选择"所有程序"→"Python 3.4"→"IDLE (Python GUI)"，即可打开如图 6-1 所示的 Shell 窗口。

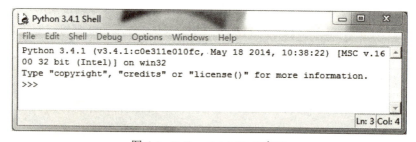

图 6-1　Python 3.4.1 Shell 窗口

2. Python 的注释与缩进

Python 语言中单行注释采用"#"开头，从"#"开始一直到行尾的部分为注释，注释不参与解释执行。注释的例子如下：

```
# 文件名：first.py
print(Hello World!);          #注释：在Python中打印输出的功能由print函数来完成
```

Python 语言与其他编程语言的最明显区别是：Python 的代码块不使用"{ }"来控制类、函数以及其他逻辑判断，而是使用缩进来写模块。

缩进的空白数量是可变的，但是所有代码块语句必须包含相同的缩进空白数量，必须严格执行。如下所示：

```
if True:
    print (True)                #如果为真，则输出 True
else:
    print (False)               #if 和 else 下面的内容为下一个层次，如果不缩进，则会报错
```

3．编写第一个 Python 程序

在 Shell 界面中选择文件菜单，单击 New File 菜单项，即可打开一个编辑窗口，输入以下代码：

```
a=3                #变量 a 的值赋为 3
b=5                #变量 b 的值赋为 5
s=a*b              #a 乘以 b 的积送给变量 s
print(s)           #输出 s 的值
```

其效果如图 6-2 所示。

图 6-2　编辑 Python 程序

编辑完成后保存文件（第一次保存时会要求输入文件名），注意后缀名必须为.py。按快捷键 F5 运行程序，即可以 Shell 窗口中看到程序的运行结果。

4．Python 的变量与数据类型

Python 中的变量可以直接赋值而不需要事先声明。每个变量在使用前都必须进行赋值，赋值之后的变量才会在内存中被创建，创建之后的变量在内存中保存了变量的名称、类型以及数据等信息。

Python 中的变量有 5 种类型，分别是数字（Numbers）、字符串（String）、列表（List）、元组（Turple）和字典（Dictionary）。

（1）数字

Python 有以下数字类型：int（整型）、float（浮点型）和 complex（复数）。赋值方式如下：

```
a=3;                #整型变量 a 的值赋为 3
b=3.14159;          #浮点型变量 b 的值赋为 3.14159
c=1+1j;             #复数型变量 c 的值赋为 1+1j
```

（2）字符串

字符串（有时简称为串）是由数字、字母、下划线组成的一串字符。赋值方式如下：

```
s = 'ilovepython'           #字符串 s 的值赋为 "ilovepython"
```

（3）列表

列表是最常用的 Python 数据类型，创建列表的方式是用"，"分隔不同的数据项，再使用"[ ]"括起来即可。Python 中列表的数据项不要求具有相同的类型。其赋值和基本使用方式如下：

```
list1 = ['physics', 'chemistry', 1997, 2000]    #由字符串和整型数组成的列表1
list2 = [1, 2, 3, 4, 5, 6, 7 ]                  #由整数组成的列表2
print(list1[0])                                  #打印列表list1的0号数据项
print(list2[1:5])                                #打印列表list2的1~5号数据项
```

（4）元组

元组与列表类似，元组的内部元素也用"，"隔开，然后用"( )"括起来。元组不能二次赋值，相当于只读列表。其赋值和使用方式如下：

```
tup1 = ('physics', 'chemistry', 1997, 2000)     #由字符串和整型数组成的元组1
tup2 = (1, 2, 3, 4, 5, 6, 7 )                   #由整数组成的元组2
print(list1[0])                                  #打印元组tup1的0号数据项
print(list2[1:5])                                #打印元组tup2的1~5号数据项
```

（5）字典

字典用"{ }"来标识。字典由索引（key）和它对应的值 value 组成。列表是有序的对象集合，而字典是无序的对象集合；字典中的元素是通过键来存取的，而不是通过偏移存取的。字典的使用例子如下：

```
dict = {'zhangsan': 1.78, 'lisi': 1.80, 'mawu': 1.70}   #创建一个字典dict
print (dict['zhangsan'])                                 #打印字典dict中索引'zhangsan'对应的值
```

5．Python 的运算符

Python 语言支持不同类型的运算符，这里主要介绍算术运算符、比较（关系）运算符和赋值运算符。

（1）算术运算符

Python 语言支持的算术运算符及其功能如表 6-1 所示。

表 6-1　算术运算符及其功能

运算符	描　　述	实　　例
+	加法：表示两个对象相加	5 + 5 输出结果为 10
-	减法：表示一个数减去另一个数	10 - 5 输出结果为 5
*	乘法：表示两个数相乘	10 * 20 输出结果为 200
/	除法：表示两个数相除以	10/5 输出结果为 2
%	取模：两个数相除，返回除法的余数	5 % 2 输出结果为 1
**	幂：x**y 表示求 x 的 y 次幂	3**4 表示 3 的 4 次方，输出结果为 81
//	整除：两数相除，返回商的整数部分	9//2 输出结果为 4，9.0//2.0 输出结果为 4.0

（2）比较（关系）运算符

Python 语言支持的比较运算符及其功能如表 6-2 所示。

（3）赋值运算符

Python 语言支持的赋值运算符及其功能如表 6-3 所示。

表 6-2　比较运算符及其功能

运算符	描述	实例
==	相等比较	两边相等返回 True，否则返回 False
!=	不等于	两边不相等返回 True，否则返回 False
>	大于	左边大于右边返回 True，否则返回 False
<	小于	左边小于右边返回 True，否则返回 False
>=	大于等于	左边大于或等于右边返回 True，否则返回 False
<=	小于等于	左边小于或等于右边返回 True，否则返回 False

表 6-3　逻辑运算符及其功能

运算符	描述	实例
=	简单的赋值运算符	c = a + b 将 a + b 的运算结果赋值为 c
+=	加法赋值运算符	c += a 等效于 c = c + a
-=	减法赋值运算符	c -= a 等效于 c = c - a
*=	乘法赋值运算符	c *= a 等效于 c = c * a
/=	除法赋值运算符	c /= a 等效于 c = c / a
%=	取模赋值运算符	c %= a 等效于 c = c % a
**=	幂赋值运算符	c **= a 等效于 c = c ** a
//=	取整除赋值运算符	c //= a 等效于 c = c // a

6．Python 逻辑控制语句

（1）条件控制语句

Python 条件语句通过一条或多条语句的执行结果（True 或者 False）来决定执行不同的代码块。其中，最常见的语句为 if 语句，其基本形式为：

```
if 判断条件:
    语句 1                    #如果判断条件为 True，执行语句 1
else:
    语句 2                    #如果判断条件为 False，执行语句 2
```

当判断条件为多个值时，可以使用以下形式：

```
if 判断条件 1:
    语句 1                    #如果判断条件 1 为 True，只执行语句 1
elif 判断条件 2:
    语句 2                    #如果判断条件 2 为 True，只执行语句 2
elif 判断条件 3:
    语句 3                    #如果判断条件 3 为 True，只执行语句 3
else:
    语句 4                    #如果判断条件 1、2、3 均为 False，执行语句 4
```

（2）循环控制语句

Python 提供了 for 和 while 两种循环。

while 循环的基本形式为：

```
while 判断条件:
    执行语句
```

其中，执行语句可以是单个语句或语句块。判断条件可以是任何表达式，任何非零、或非空（null）的值均为 true。当判断条件假 false 时，循环结束。

for 循环可以遍历任何序列的项目，如一个列表或者一个字符串。for 循环的基本形式为：

```
for iterating_var in sequence:
    statements(s)
```

无论是在 while 循环中还是在 for 循环中，都可以用 break 语句来退出循环，用 continue 语句结束本次循环。

7. 猜数字游戏

编程完成以下的游戏功能：用计算机产生一个 1～100 之间的随机数，让用户来猜，最多猜 5 次。若用户猜对了，则输出"恭喜您猜对了！游戏结束。"当猜错时，会提示猜的数字是大还是小了。当 5 次机会用光时，如果还没有猜对，就输出"次数已用完，游戏失败。"并将正确的结果输出。程序代码如下：

```python
#从 random 模块中导入 randint 函数
from random import randint
#随机生成一个整数
value = randint(1, 100)
#最多允许猜5次
maxTimes = 5
#是否猜对的标志，初值设为0，表示没有猜对
guess = 0
for i in range(maxTimes):
    print('请输入您猜的数: ')
    x = int(input())         #从 shell 中输入数据并转化为整型，即把用户猜的数送给 x
    #猜对了
    if x == value:           #如果猜对了，就将 guess 设置为1，并跳出循环
        guess =1
        break
    elif x > value:
        print('太大了')
    else:
        print('太小了')
if guess == 1:
    print('恭喜您猜对了！游戏结束。')
else:
    #次数用完还没猜对，游戏结束，提示正确答案
    print('次数已用完，游戏失败。')
    print('正确的数据值是: ', value)
```

习 题 6

1. 简答题

（1）什么叫人工智能？

（2）人工智能主要研究的课题是什么？
（3）人工智能的应用领域主要有哪些？
（4）人工智能的关键技术有哪些？
（5）Python 语言的主要特点有哪些？
（6）Python 的元组和列表有什么相同和不同之处？

2．上机题

（1）编写 Python 程序，要求用户输入一个三位以上的整数，去掉其十位和个位数字并输出。例如，用户输入 1234，则程序输出 12。（提示：使用整除运算。）

（2）编写程序，要求用户输入一个年份，判断其是否为闰年。（提示：如果年份能被 400 整除，则为闰年；如果年份能被 4 整除但不能被 100 整除也为闰年；其余情况不是闰年。）

参 考 文 献

[1] 梁玉凤. 计算机应用基础（Windows 7 + Office 2010）. 北京：高等教育出版社，2018.
[2] 丛国凤等. 计算机应用基础项目化教程（Windows 10+Office 2013）. 北京：清华大学出版社，2017.
[3] 徐立新等. 大学计算机. 北京：电子工业出版社，2015.
[4] 徐立新等. 大学计算机基础. 北京：电子工业出版社，2013.
[5] 徐立新等. 计算机网络技术. 北京：人民邮电出版社，2016.
[6] 张涛等. 大学计算机基础. 北京：电子工业出版社，2015.
[7] 王刚等. 大学计算机基础. 北京：清华大学出版社，2014.
[8] 杨爱梅等. 大学计算机基础——Windows 7 与 Office 2010 环境. 北京：清华大学出版社，2014.
[9] 付长青等. 大学计算机基础（Windows 7+Office 2010）. 北京：清华大学出版社，2014.
[10] 杨相生等. 大学计算机案例教程（Windows 7+Office 2010）. 北京：电子工业出版社，2014.
[11] 朱建芳. 大学计算机基础. 北京：高等教育出版社，2014.
[12] 中国互联网络信息中心（CNNIC）. 第 41 次中国互联网络发展状况统计报告. http:///www.cac.gov.cn/2018-01/31/c_1122347026.htm，2018.